U0171265

多云计算与智能优化

王鹏伟　著

科学出版社
北　京

内 容 简 介

本书主要介绍多云计算相关的理论方法与关键技术。全书共分 10 章，分别介绍了多云计算的发展背景、趋势与挑战，重点针对云实例优化选择与价格预测、数据的多云优化存储、复杂工作流的多云优化调度等三个研究方向，介绍了一系列多云计算与智能优化的关键技术和方法。

本书可供云计算与分布式计算领域的研究人员参考。

图书在版编目（CIP）数据

多云计算与智能优化 / 王鹏伟著. — 北京：科学出版社，2023.8

ISBN 978-7-03-075980-1

Ⅰ. ①多…　Ⅱ. ①王…　Ⅲ. ①云计算　Ⅳ. ①TP393.027

中国国家版本馆 CIP 数据核字(2023)第 125148 号

责任编辑：王　哲 / 责任校对：胡小洁

责任印制：吴兆东 / 封面设计：迷底书装

科学出版社出版

北京东黄城根北街 16 号

邮政编码：100717

http://www.sciencep.com

北京中石油彩色印刷有限责任公司印刷

科学出版社发行　各地新华书店经销

*

2023 年 8 月第　一　版　开本：720×1 000　1/16

2024 年 8 月第二次印刷　印张：10 3/4　插页：2

字数：220 000

定价：99.00 元

（如有印装质量问题，我社负责调换）

作 者 简 介

王鹏伟，男，博士，副教授。2013 年博士毕业于同济大学电子与信息工程学院，2015 年于意大利比萨大学计算机科学系完成博士后工作，现工作于东华大学计算机科学与技术学院。主要学术职务有：中国自动化学会网络计算专委会秘书长、中国计算机学会服务计算专委会执行委员、中国人工智能学会自然计算与数字智能城市专业委员会委员、上海市人工智能学会副秘书长、上海计算机学会协同与信息服务专委会委员、CCF YOCSEF 上海 AC 委员等。

主要从事云计算与边缘计算、服务计算、智能优化与算法、大数据与网络金融智能风控等领域的研究工作。主持承担了国家自然科学基金、上海市科技创新行动计划高新技术领域重点课题、上海市青年科技英才扬帆计划人才项目等 10 余项国家及省部级项目。在 *IEEE Transactions on Cloud Computing*、*IEEE Transactions on Services Computing*、*IEEE Transactions on Systems, Man, and Cybernetics: Systems*、*IEEE Transactions on Automation Science and Engineering*、*IEEE Internet of Things Journal*、*IEEE ICWS*、*SCC*、*ISPA*、*ICPADS* 等国内外重要学术期刊和会议上发表论文 80 余篇，谷歌学术引用 1000 余次。出版学术专著 1 部，申请国家发明专利 50 余项，获得软件著作权 5 项。相关成果获得了上海市技术发明一等奖、中国人工智能学会优秀科技成果奖等。

前　言

作为近年来信息技术领域最大的热门话题之一，云计算得到了快速发展，成为了新一代不可或缺的互联网基础设施。国内外的诸多业界巨头都相继构建了自身的云计算系统，并发布了相应的云计算解决方案及平台。各国政府也纷纷将云计算上升为国家战略，投入了相当大的财力和物力用于云计算的推广应用与部署。随着各方面相关技术的快速发展与成熟，以及在政府、企业界和学术界等各方的共同努力和推动下，各个行业在加速进行“云化”，越来越多的数据和计算任务被迁移和部署到了云上。

然而，在这个过程中诸多问题也随之暴露出来，各企业和组织都主要依赖于单个云平台所提供的服务，这带来了一系列的问题和挑战，如供应商锁定、可用性、网络延迟、差异性、数据隐私与安全等。随着这些问题和挑战日趋严峻，“最好的方法是不要将所有的鸡蛋放在同一个篮子中”逐渐成为共识，将应用和数据同时分布部署于多个云上的方式，即多云计算，开始引起产业界和学术界的密切关注，这成为最近几年的一个大趋势。在多云策略的发展趋势下，面对日趋复杂的软件服务应用和日益丰富的多云计算环境，如何将应用的服务组件和相关数据分布部署到多个云上，以获得最优的多云分布部署方案，是云计算领域面临的新挑战。为此，梳理当前多云计算与智能优化的关键技术与方法显得尤为重要。

本书从多云计算的三个主要研究方向：云实例选择与优化、数据的多云优化存储、复杂工作流的多云优化调度，分别介绍了多云计算在各方向上的智能优化技术与方法。这些内容是近年来作者所在课题组在持续的理论方法研究和实践应用中获得的创新精华。相关研究持续得到国家自然科学基金委员会、上海市科学技术委员会、东华大学等的支持，形成了多云计算与智能优化的一套理论方法与关键技术，在此一并表示感谢。研究团队发表了数十篇 SCI、EI 等高质量学术论文，获得了十余项专利授权，培养了十多名研究生。相关研究成果获得了上海市技术发明一等奖。

感谢东华大学计算机科学与技术学院云计算与服务计算课题组的老师与研究生们的大力支持与帮助，特别是赵才辉、刘文强、雷颖慧、陈真、顾玉彪等研究生的辛勤付出。

由于时间和水平有限，书中难免存在不妥之处，敬请读者批评指正！

作　者

2023 年 4 月 10 日

目　　录

第 1 章　多云计算概述

1.1　背景与发展趋势

伴随着全球经济一体化和信息化进程向纵深推进，市场竞争环境越来越激烈，现代企业和组织需要更加快速、高效地应对变化和机遇，能够动态、敏捷地构建、重组和优化其业务流程，以提升自身的竞争力，真正做到“随需应变”，从而快速响应外部用户的需求和应用环境的变化。在此背景下，面向服务的计算(Service-Oriented Computing，SOC)[1]应运而生，其利用“服务”作为软件开发的最基本要素，支持异构环境下分布式应用的快速、低成本和高效的协同集成与聚合，已成为当今时代开放网络环境下构建分布式应用的主流计算模式。面向服务的体系架构(Service-Oriented Architecture，SOA)[2]作为架构模型全面支持 SOC 计算模式的理念与实施。其主要涉及将企业组件化以及使用服务来开发应用程序，并将这些服务向外提供，以供其他企业或者应用程序使用，从而促进业务流程与应用的快速构建与动态重组[3-5]。

包括 SOC 和 SOA 在内的服务计算体系改变了软件开发、部署和交付的方式，成为分布式计算和软件开发技术发展的一个里程碑，并引领了一轮技术发展浪潮。随着相关技术的快速发展与成熟，越来越多的企业正在逐步进化到面向服务的企业(Service-Oriented Enterprise，SOE)这种新型组织模式，以适应瞬息万变的市场需求和竞争环境。云计算(Cloud Computing)[6,7]概念及模式的出现和迅猛发展，极大地加速了该“服务化”的进程，企业的 IT 需求可以通过 IaaS(Infrastructure as a Service)、PaaS(Platform as a Service)和 SaaS(Software as a Service)等类型的云服务方式来满足。以共享 IT 基础设施和平台为主要特征的云计算模式，能够帮助组织和企业(尤其是中小企业和创业者)以最小的成本和最便捷的方式开发、部署应用并提供服务。而云计算本身也可以看成是上述“服务化”的进一步深化与延展，其将计算、存储、网络和平台等资源都进行服务化并向外提供。根据美国国家标准与技术研究院的定义[6]，云计算是一种利用互联网实现随时随地、按需、便捷地访问共享资源池(如计算设施、存储设备、应用程序等)的计算模式。计算机资源服务化是云计算重要的表现形式。

作为近年来 IT 领域最大的热门话题之一，云计算模式在提出后便得到了工业界和学术界的广泛关注，成为了新一代不可或缺的互联网基础设施，云与边缘算力成为新的生产力。谷歌、微软、IBM、甲骨文、惠普、思科、EMC等诸多业界巨头都相继构建了自身的云计算系统，并发布了相应的云计算解决方案及平台。云计算使得人们可以更为灵活地配置、调度和使用计算、存储等各类资源，从而缓解了传统计算机有限的计算、存储能力与快速增长的数据量以及日益严苛的用户需求之间的不平衡状态。各国学者针对云计算开展了大量研究工作，包括数据中心、虚拟化、海量数据存储与处理、资源调度与管理、安全与隐私保护等各个方面。由于任务繁多、用户需求不一、资源类型各异等原因，云计算环境下资源的优化调度颇具挑战性，相关研究主要集中在负载预测与均衡、性能调优、工作流调度、云数据中心能耗优化等方面。不仅如此，各国政府也纷纷将云计算上升为国家战略，投入了相当大的财力和物力用于云计算的部署。

随着各方面相关技术的快速发展与成熟，并在政府、企业界和学术界等各方的共同努力和推动下，企业应用在加速进行“服务化”和“云化”(将其应用转移到云上)。特别地，近几年来伴随着移动互联网、物联网及大数据应用的飞速发展，在“互联网+”这样一个大的背景和趋势下，各个行业中的企业与组织都纷纷进行“触网”，并越来越多地采用云计算服务来支撑其软件服务应用。然而，在这个过程中诸多问题也随之暴露出来，尤其针对使用更为广泛的公有云服务，目前各企业和组织都仅仅使用单个云平台(Single Cloud)所提供的服务，这带来了一系列的问题和挑战，例如：①云服务的可用性保障问题，谷歌和微软的云平台都出现过云服务中断的严重问题，给客户带来了极大的损失。相关云计算的报告[7]中也指出，可用性保障问题是云计算普及的最大障碍。②供应商锁定(Vendor Lock-in)问题，由于云的差异性，客户一旦选择了某个云提供商并将应用和数据部署到其云上之后，若想转用其他云提供商的服务，往往需要耗费巨大的转换工作量及迁移成本，并且非常困难。锁定问题也使得客户会面临供应商调整价格、意外破产或者关闭服务等诸多风险。③网络延迟约束，如今往云上转移的应用很多都是在线互动式应用，其对网络延迟往往有着很高的要求，特别是其服务的用户可能分布于全球各地，此时单个云的部署方式往往难以满足应用对网络延迟的要求。④差异性问题，各云提供商都使用不同的系统架构和技术，并争相提供一些差异化的、独特的云服务来增加竞争力。并且即使对于通用的云计算服务，各提供商的定价策略(既包括价格标准的不同也包括收费项目的差异)和云服务性能也千差万别。没有哪个云提供商提供了所有类别的云服务并且都是最好的，而是各有优劣。

随着上述问题和挑战日趋严峻，“最好的方法是不要将所有的鸡蛋放在同一个篮子中”逐渐成为共识[8]，将应用和数据同时分布部署于多个云上的方式开始引起产业界和学术界的密切关注。RightScale在其2015年云计算使用情况调查报告中指出，82%的企业受访者希望支持多云策略，但当时实际使用者寥寥无几。而到2021年，根据Flexera的云计算报告，93%的受访者正在使用多云模式，这意味着他们依赖于多个云服务提供商的应用程序和基础设施。IDC 更是将 2021 年称为“多云之年”。目前学术界的研究主要关注于多云数据存储与优化、多云存储安全性、虚拟机迁移与云实例选择、工作流多云调度、多云任务分配与资源调度等方面。多云策略已成为未来的发展趋势，这也是云计算向前发展的一个自然进化。

与此同时，由于云计算已经成为 IT 产业发展的战略重点，全球 IT 公司纷纷推出了面向市场的公有云平台或者开源云平台，如 AWS、Google Cloud Platform、Microsoft Azure、IBM Bluemix、SoftLayer、Rackspace Cloud、OpenShift、Cloud Foundry 以及国内的阿里云、百度智能云、腾讯云等。针对 IaaS 和 PaaS 层面一些比较通用的云计算服务类别，如计算、存储、CDN、数据库、网络、应用引擎、中间件等，综合性云提供商基本上都有提供，但都各具特色，并且定价策略和工作性能也是千差万别。同时，为应对市场竞争，这些云提供商也争相提供一些独特的云计算服务。另外，市场上还有大量的中小型云提供商深耕于上述通用云计算服务中的某几类，或者提供其他一些专门的、独特的云计算服务，以进行差异化的竞争。显然，随着越来越多的云提供商及云计算服务类型涌入市场，目前已然构成了一个非常丰富的多云计算环境。

综上所述，在目前企业应用加速进行“服务化”和“云化”的背景下，一方面是往云上转移的服务应用及需求越来越多、也越来越复杂，另一方面是日益丰富的多云计算环境。而已有的研究和市场应用仍主要聚焦于单云策略，往往无法获得最优的价格及工作性能，甚至难以满足复杂应用的所有需求，同时还面临着如可用性保障、供应商锁定等诸多问题。因此，在多云策略的发展趋势下，面对日趋复杂的软件服务应用与数据，以及日益丰富多样的多云计算环境，多云计算模式与智能优化[9-17]成为当前云计算和服务计算领域面临的新挑战。

1.2　本书内容组织

本书分为三个部分来介绍多云计算与智能优化的关键技术与方法。第一部分是规模庞大的云实例选择优化与价格预测，分别对单云和多云环境下按需实例的选择问题和竞价实例的价格预测与选择问题进行研究并提出了相应的解决方案。第二部分是数据的多云优化存储，提出了基于纠删码的数据冗余策略和蚁群算法、快速非支配排序遗传算法等相结合的优化存储方法，针对动态数据存储问题提出了数据访问频率预测算法和基于强化学习的数据优化存储方法，进一步针对群智场景中空间众包数据的存储问题，提出了结合区间定价策略、密度聚类算法和改进遗传算法的多云优化存储方法。第三部分是复杂工作流的多云优化调度，提出了一种基于免疫机制的粒子群优化算法 IMPSO(Immune Mechanism-based Particle Swarm Optimization)来优化成本和完工时间，进而针对计算任务间频繁的数据通信带来的完工时间上升与成本增加等问题，引入图论中的集聚系数，提出了复杂工作流任务的切片算法及相应的多云优化调度方法。

(1)基于广义笛卡儿积的云实例选择方法：针对单云环境下按需实例的云实例选择问题，将其转化为最大化总体计算能力、最小化总体价格的多目标优化问题，并针对该问题设计了一种完全 Pareto 集合生成算法，该算法将问题的搜索空间从解空间降低至广义笛卡儿积，提高了问题求解的时间效率，并且可以保证得到的 Pareto 集合是完整的。然后通过借鉴理想点法设计了最优选择方案筛选算法用于从完全 Pareto 集合中挑选最优的云实例选择方案。通过实验验证了所提模型的高效性、正确性和可拓展性。

(2)基于改进遗传算法的云实例选择方法：针对多云环境下按需实例的云实例选择问题，将其定义为最大化总体计算能力、最小化总体价格和通信延迟的多目标优化问题。在遗传算法的编码方式上，采取了二维编码方式，并设计了相邻基因间的约束用于减少问题的搜索空间，在选择操作上结合了轮盘赌策略和精英保留策略，考虑到相邻基因间的约束，在交叉操作上采取了首次适应策略，在变异操作时根据相邻基因确定变异范围。通过实验验证了所提算法的有效性和收敛性。

(3)基于 k 近邻回归算法的云实例价格预测与选择方法：针对竞价实例的价格预测与选择问题，首先通过重采样和滑动窗口的方法对竞价实例的原始价格数据进行预处理，得到机器学习模型训练所需的数据集。通过使用 k 近邻回归算法完成了竞价实例的价格预测工作，用户可根据预测的价格避开高价格时段，选择合适的时间购买竞价实例，避免高出价带来的额外开销，以及低出价带来的实例不可用问题。

(4)基于用户需求的数据多云优化存储：针对用户的低成本高可用性数据优化存储需求问题，采取纠删码的数据冗余策略将数据分存到不同云服务商。给出了该问题中关于数据存储的定义，结合优化目标及约束条件，使用权重法将用户的目标转化为单一目标优化，最后提出了基于蚁群算法的数据存储方案求解方法，为用户提供低成本高可用性的数据存储方案。实验结果表明了所提方法的有效性。

(5)多云环境下低成本高可用性的数据优化存储：定义了多云环境下数据存储问题的多目标优化模型，并提出了一种基于快速非支配排序遗传算法的求解方法，可以得到该优化问题的 Pareto 最优解集；进一步，提出了一种基于信息熵的最优方案选择方法，为用户从 Pareto 最优解集中选择一个合适的数据存储方案。实验结果表明使用该方法所得到的数据存储方案在成本和可用性上具有优越性。

(6)多云环境下动态的数据优化存储：针对用户对数据访问频率动态变化的问题，为了能够使整个数据存储周期所产生的成本最低，设计了一个动态调整数据存储方案的方法，其包括了基于 LSTM(Long Short-Term Memory)的数据访问频率预测算法和基于强化学习的数据存储方案优化选择算法。实验证明所提方法在基于预测的数据访问频率下可以求解得到最优的数据存储方案。

(7) 多云环境下空间众包数据的优化放置：研究了在多云环境下为广域分布的空间众包数据寻求有效放置方案的问题，以尽可能地降低成本和访问延迟。充分考虑了云服务提供商采用的区间定价策略，借助 DBSCAN(Density-Based Spatial Clustering of Applications with Noise) 密度聚类算法分析了数据中心的地理分布特征，并在此基础上提出了一种有效的数据初始化放置策略，最后利用改进的遗传算法对结果进行了进一步的优化。

(8) 基于免疫机制的工作流优化调度：针对在云计算环境下调度工作流时，因为云实例类型众多难以直接选择最优方案的问题，提出了一种基于免疫机制的粒子群优化算法。该方法可以在满足截止期限约束的前提下，寻找到一个“成本-完工时间”双目标优化的解决方案，实验证明提出的方法可以获得更好的收敛速度和效果。

(9) 基于集聚系数的工作流切片与多云优化调度：针对工作流由于频繁的数据通信带来的完工时间上升、成本增加以及可能的故障风险等问题，设计了一个工作流切片与优化调度的解决方案框架。引入集聚系数判断切片效果，并在寻找调度方案的过程中根据云实例的实际情况动态调整切片结果。实验证明提出的解决方案可以有效地减少工作流调度的时间和成本。

1.3　本章小结

本章首先概述了多云计算发展的背景，特别是单云面临的问题挑战和多云策略的发展趋势，然后介绍了多云计算模式所带来的挑战，进而对本书中的主要内容进行了简单介绍，主要分为三个方面：云实例的选择与优化、数据的多云优化存储、复杂工作流的多云优化调度。

参考文献

[1] Papazoglou M P, Georgakopoulos D. Introduction: service-oriented computing. Communications of the ACM, 2003, 46(10): 24-28.

[2] Papazoglou M P, van den Heuvel W J. Service oriented architectures: approaches, technologies and research issues. The VLDB Journal, 2007, 16(3): 389-415.

[3] Wang P, Ding Z, Jiang C, et al. Design and implementation of a web-service-based public-oriented personalized health care platform. IEEE Transactions on Systems, Man, and Cybernetics: Systems, 2013, 43(4): 941-957.

[4] Wang P, Ding Z, Jiang C, et al. Automated web service composition supporting conditional branch structures. Enterprise Information Systems, 2014, 8(1): 121-146.

[5] Wang P, Ding Z, Jiang C, et al. Automatic web service composition based on uncertainty

execution effects. IEEE Transactions on Services Computing, 2016, 9(4): 551-565.

[6] Mell P, Grance T. The NIST Definition of Cloud Computing. Gaithersburg: National Institute of Standards and Technology, 2011.

[7] EECS Department. Above the Clouds: A Berkeley View of Cloud Computing. Berkeley: University of California, Berkeley, 2009.

[8] Zhang Q L, Li S L, Li Z H, et al. CHARM: a cost-efficient multi-cloud data hosting scheme with high availability. IEEE Transactions on Cloud Computing, 2015, 3(3): 372-386.

[9] Wang P, Zhao C, Zhang Z. An ant colony algorithm based approach for cost-effective data hosting with high availability in multi-cloud environments//Proceedings of 15th IEEE International Conference on Networking, Sensing and Control, Zhuhai, 2018.

[10] Liu W, Wang P, Meng Y, et al. A novel model for optimizing selection of cloud instance types. IEEE Access, 2019, 7: 120508-120521.

[11] Liu W, Wang P, Meng Y, et al. A novel algorithm for optimizing selection of cloud instance types in multi-cloud environment//The 25th IEEE International Conference on Parallel and Distributed Systems, Tianjin, 2019.

[12] Wang P, Lei Y, Agbedanu P, et al. Makespan-driven workflow scheduling in clouds using Immune-based PSO algorithm. IEEE Access, 2020, 8: 29281-29290.

[13] Wang P, Zhao C, Wei Y, et al. An adaptive data placement architecture in multi-cloud environments. Scientific Programming, 2020, 2020: 1-12.

[14] Wang P, Zhao C, Liu W, et al. Optimizing data placement for cost effective and high available multi-cloud storage. Computing and Informatics, 2020, 39(1-2): 51-89.

[15] Liu W, Wang P, Meng Y, et al. Cloud spot instance price prediction using KNN regression. Human-Centric Computing and Information Sciences, 2020, Doi: 10.1186/s13673-020-00239-5.

[16] 王鹏伟，雷颖慧，赵玉莹，等. 基于集聚系数的工作流切片与多云优化调度. 同济大学学报(自然科学版), 2021, 49(8): 1192-1201.

[17] Wang P, Chen Z, Zhou M, et al. Cost-effective and latency-minimized data placement strategy for spatial crowdsourcing in multi-cloud environment. IEEE Transactions on Cloud Computing, 2023, 11(1): 868-878.

第 2 章　基于广义笛卡儿积的云实例选择方法

2.1　引　　言

云环境下的云实例种类繁多，并且不同类型云实例的价格和计算能力也是不相同的，用户如何在这种复杂场景下根据自己需求设计一套云实例选择方案是一件非常困难的事情。为此，本章对单云环境下按需实例的云实例选择问题进行研究。

用户在单云环境下进行云实例选择时，最关心的指标通常包含两方面：总体计算能力和总体价格。一套价格尽可能低而计算能力尽可能高的云实例选择方案往往是用户最希望的，所以本章将单云环境下的云实例选择问题转化为最大化总体计算能力、最小化总体价格的多目标组合优化问题。针对该问题，本章设计了基于广义笛卡儿积的云实例选择模型，该模型主要包含两个阶段：完全 Pareto 集合生成算法和最优选择方案筛选算法，前者用于构建该多目标优化问题的完全 Pareto 集合，后者主要用于从完全 Pareto 集合中选择最合适的云实例选择方案。在本章中，通过数学归纳法和反证法证明了模型第一阶段完全 Pareto 集合生成算法结果的完全性，另外通过与现有的工作进行对比，验证了所提模型的高效性、正确性和可拓展性。

2.2　问题定义及假设

本节首先给出单云环境下云实例选择问题的相关数学定义和假设，然后将该问题转化为多目标优化问题并给出其数学描述。

2.2.1　数学定义

为了更好地对单云环境下的云实例选择问题进行描述，本章给出如下的数学定义。

定义 2.1　云实例类型集合 $\boldsymbol{T}$。假设在云数据中心 C 中共有 n 种云实例类型，则云实例类型集合 T 可以定义为

$$T=\{T_1,T_2,\cdots,T_n\} \tag{2-1}$$

定义 2.2　云实例类型 $\boldsymbol{T_i}$。将每一种云实例类型 $T_i(1\leqslant i\leqslant n)$ 定义为

$$T_i=\langle c_i,p_i,q_i\rangle,\quad 1\leqslant i\leqslant n \tag{2-2}$$

其中，$c_i(c_i\geqslant 0)$ 和 $p_i(p_i\geqslant 0)$ 分别表示云实例类型 T_i 的计算能力和价格，$q_i(q_i\geqslant 0)$ 表

示数据中心 C 能提供给用户 T_i 类型云实例的个数。

定义 2.3　云实例需求集合 V。假设用户需求的云实例数量为 m，则用户需求的云实例集合 V 可以表示为

$$V = \{V_1, V_2, \cdots, V_m\} \tag{2-3}$$

定义 2.4　云实例选择标记 x_{ij}。本章中，使用 $x_{ij}(1 \leqslant i \leqslant m, 1 \leqslant j \leqslant n)$ 标记用户需求的云实例 $V_i(1 \leqslant i \leqslant m)$ 是否为云实例类型 $T_j(1 \leqslant j \leqslant n)$，具体如下

$$x_{ij} = \begin{cases} 1, & \text{用户需求云实例}V_i\text{为云实例类型}T_j \\ 0, & \text{其他} \end{cases}, \quad 1 \leqslant i \leqslant m, \quad 1 \leqslant j \leqslant n \tag{2-4}$$

由于每一个 V_i 只能选择一种云实例类型，所以可以得到如下约束

$$\sum_{j=1}^{n} x_{ij} = 1, \quad 1 \leqslant i \leqslant m \tag{2-5}$$

同理，对于用户所有的云实例需求，可以得到如下约束

$$\sum_{i=1}^{m} \sum_{j=1}^{n} x_{ij} = m \tag{2-6}$$

定义 2.5　总体计算能力 TC。对于每一种云实例选择方案都对应着一个总体计算能力，计算公式如下

$$\mathrm{TC} = \sum_{i=1}^{m} \sum_{j=1}^{n} x_{ij} \times c_j \tag{2-7}$$

定义 2.6　总体价格 TP。与总体计算能力 TC 同理，每一种云实例选择方案也对应一个总体价格，计算公式如下

$$\mathrm{TP} = \sum_{i=1}^{m} \sum_{j=1}^{n} x_{ij} \times p_j \tag{2-8}$$

定义 2.7　计算能力约束。用户可以指定最大的计算能力约束 maxTC 和最小的计算能力约束 minTC，如果用户没有指定该约束，默认情况下 maxTC 为 $+\infty$，minTC 为 0，即无约束，具体描述为

$$\begin{gathered} \mathrm{minTC} \leqslant \mathrm{TC} \leqslant \mathrm{maxTC} \\ \text{Default}: \begin{array}{c} \mathrm{minTC} = 0 \\ \mathrm{maxTC} = +\infty \end{array} \end{gathered} \tag{2-9}$$

定义 2.8　价格约束。与计算能力约束类似，用户可以指定最大的价格约束 maxTP 和最小的价格约束 minTP，如果用户没有指定该约束，默认情况下 maxTP 为 $+\infty$，minTP 为 0，即无约束，具体描述为

$$\text{minTP} \leqslant \text{TP} \leqslant \text{maxTP}$$

$$\text{Default}: \begin{matrix} \text{minTP} = 0 \\ \text{maxTP} = +\infty \end{matrix} \tag{2-10}$$

2.2.2 数学假设

为了更加详细地进行问题定义和算法描述，本节给出如下的数学假设。

假设 2.1 用户需求的云实例数量是可以提前得知或被提前预测的[1]。同时，在集群部署时，需要提前对部署的云实例数量进行设计。在本章中，只考虑用户已知自己需要云实例数量的情形。

假设 2.2 对于每一种云实例类型 $T_i(1 \leqslant i \leqslant n)$，均假设在云数据中心 C 中，有足够的数量供用户使用，不会出现资源短缺的问题。该假设可以定义如下

$$q_i \geqslant m, \quad 1 \leqslant i \leqslant n \tag{2-11}$$

2.2.3 问题定义

在单云环境下的云实例选择问题中，研究的目标是在最大化总体计算能力的同时，最小化总体价格。除此之外，还需要满足一些约束条件。具体地，可以将该问题定义如下

$$\begin{cases} \text{maximize} \ \ \text{TC} = \sum_{i=1}^{m}\sum_{j=1}^{n} x_{ij} \times c_j \\ \text{minimize} \ \ \text{TP} = \sum_{i=1}^{m}\sum_{j=1}^{n} x_{ij} \times p_j \end{cases} \tag{2-12}$$

s.t.

$$\begin{cases} \sum_{j=1}^{n} x_{ij} = 1, \quad 1 \leqslant i \leqslant m \\ \sum_{i=1}^{m}\sum_{j=1}^{n} x_{ij} = m \\ \text{minTC} \leqslant \text{TC} \leqslant \max \text{TC} \\ \text{minTP} \leqslant \text{TP} \leqslant \max \text{TP} \end{cases} \tag{2-13}$$

2.3 算法描述

针对上节提出的多目标优化问题，本节设计了基于广义笛卡儿积的云实例选择模型 CISM(Cloud Instance Selection Model)，该模型主要包括两个阶段：第一阶段

主要构建多目标优化问题的完全 Pareto 集合，该阶段设计了完全 Pareto 集合生成算法 CPSGA(Complete Pareto Set Generation Algorithm)；第二阶段主要从完全 Pareto 集合中对云实例选择方案进行筛选，挑选满足用户需求的最佳选择方案，该阶段设计了最优云实例选择方案筛选算法 OSSA(Optimal Scheme Screening Algorithm)。本节将对提出的模型 CISM 进行详细描述。

2.3.1 完全 Pareto 集合的意义

对于多目标优化问题，其有效解通常不是唯一的。一般来说，将有效解称为非支配解或非劣解。与之相反，无效解通常称为支配解或劣解。所有非劣解组成的集合称为完全 Pareto 集合。对于每一个劣解，一定在完全 Pareto 集合中存在一个非劣解将其支配，支配的含义是其目标值均劣于该非劣解。对于一个多目标优化问题，得到其完全 Pareto 集合是非常重要的[1,2]，可以确保后期进行方案选择时的有效性，是整个过程严谨性和得到全局最优解的保障。

通常，元启发式算法(如 NSGA-Ⅱ)，是解决多目标优化问题的常用方法，但是得到的 Pareto 集合往往不是完全的，可能会遗漏部分非劣解，甚至一些劣解会包含在 Pareto 集合中，解的最优性是无法保障的[3]。除此之外，通过对解空间进行遍历是可以得到完全 Pareto 集合的，但是这种暴力方法的时间和空间开销过大，并不具备实际意义。

在本章中，通过对单云环境下云实例选择问题的分析，得到了完全 Pareto 集合和解空间之间的关系，基于广义笛卡儿积设计算法 CPSGA 求解该问题的完全 Pareto 集合，该算法与元启发式算法相比可以得到完全 Pareto 集合，和遍历算法相比所需的时间开销要小得多。

2.3.2 完全 Pareto 集合和解空间的关系

在本节中，详细解释完全 Pareto 集合和解空间之间的关系，并给出其证明过程。为了更好地说明，首先给出如下定义。

定义 2.9　解空间 Q_m。当用户需求的云实例个数为 m 时，所有解组成的解空间定义为 Q_m，在该集合中，每一个元素都表示一种云实例选择方案。

$$\forall q \in Q_m,\quad q\text{为选择方案} \tag{2-14}$$

定义 2.10　完全 Pareto 集合 P_m。当用户需求的云实例个数为 m 时，所有非劣解组成的完全 Pareto 集合定义为 P_m。同时，可以得到如下结论

$$\forall p \in P_m,\quad \nexists q \in Q_m,\quad q \prec p \tag{2-15}$$

$$\forall q \in (Q_m - P_m),\quad \exists p \in P_m,\quad p \prec q \tag{2-16}$$

在上述公式中，$\prec$表示支配关系。公式(2-15)表示对于完全 Pareto 集合 P_m 中的任意一个非支配解 p，在解空间 Q_m 中必然不存在一个可支配它的解 q。根据解空间和完全 Pareto 集合的定义，可以得知所有劣解组成的集合为 $(Q_m - P_m)$。公式(2-16)表示对于任意一个劣解 q，必然存在一个非劣解 p 支配它。显然，完全 Pareto 集合 P_m 是解空间 Q_m 的一个子集。

$$P_m \subseteq Q_m \tag{2-17}$$

定义 2.11　广义笛卡儿积 R_m。为了更好地描述完全 Pareto 集合 P_m 和解空间 Q_m 的关系，在本章中，引入广义笛卡儿积。使用 R_m 表示 P_{m-1} 和 P_1 的广义笛卡儿积，具体如下

$$R_m = P_{m-1} \times P_1, \quad m \geqslant 2 \tag{2-18}$$

$$\forall q \in P_{m-1}, \quad \forall p \in P_1, \quad (q,p) \in R_m, \quad m \geqslant 2 \tag{2-19}$$

与公式(2-17)类似，广义笛卡儿积 R_m 也是解空间 Q_m 的一个子集

$$P_m \subseteq Q_m \tag{2-20}$$

通过分析，可以得到 P_m 和 Q_m 的关系如下

$$P_m \subseteq R_m = P_{m-1} \times P_1, \quad m \geqslant 2 \tag{2-21}$$

证明：

当 $m=1$ 时，有完全 Pareto 集合 P_1，满足

$$\forall q \in (Q_1 - P_1), \quad \exists p \in P_1, \quad p \prec q$$

当 $m = k-1 (k \geqslant 2)$ 时，有完全 Pareto 集合 P_{k-1}，满足

$$\forall q \in (Q_k - P_k), \quad \exists p \in P_k, \quad p \prec q$$

接下来，需要证明下式成立

$$P_k \subseteq R_k = P_{k-1} \times P_1$$

首先，假设该公式是错误的，于是有

$$\exists (q,p) \in P_k, \quad q \in P_{k-1}, \quad p \in P_1, (q,p) \notin R_k$$

对此，一共存在三种情况。

情况 1：$q \notin P_{k-1}, p \in P_1$。

$\because\ q \notin P_{k-1}$

$\therefore\ \exists q' \in P_{k-1}, q' \prec q$

$\because\ \mathrm{TC} = \sum_{i=1}^{m}\sum_{j=1}^{n} x_{ij} \cdot c_j, \mathrm{TP} = \sum_{i=1}^{m}\sum_{j=1}^{n} x_{ij} \cdot p_j$

$\therefore\ (q',p) \prec (q,p)$

$\therefore\ (q,p)$ 是劣解

$\therefore (q,p) \notin P_k$

$\therefore$ 假设不成立

$\therefore$ 公式是正确的

情况 2： $q \in P_{k-1}, p \notin P_1$。

$\because p \notin P_1$

$\therefore \exists p' \in P_1, p' \prec p$

$\because \mathrm{TC} = \sum_{i=1}^{m}\sum_{j=1}^{n} x_{ij} \cdot c_j, \mathrm{TP} = \sum_{i=1}^{m}\sum_{j=1}^{n} x_{ij} \cdot p_j$

$\therefore (q,p') \prec (q,p)$

$\therefore (q,p)$ 是劣解

$\therefore (q,p) \notin P_k$

$\therefore$ 假设不成立

$\therefore$ 公式是正确的

情况 3： $q \notin P_{k-1}, p \notin P_1$。

$\because q \notin P_{k-1}$

$\therefore \exists q' \in P_{k-1}, q' \prec q$

$\because \mathrm{TC} = \sum_{i=1}^{m}\sum_{j=1}^{n} x_{ij} \cdot c_j, \mathrm{TP} = \sum_{i=1}^{m}\sum_{j=1}^{n} x_{ij} \cdot p_j$

$\therefore (q',p) \prec (q,p)$

$\because p \notin P_1$

$\therefore \exists p' \in P_1, p' \prec p$

$\because \mathrm{TC} = \sum_{i=1}^{m}\sum_{j=1}^{n} x_{ij} \cdot c_j, \mathrm{TP} = \sum_{i=1}^{m}\sum_{j=1}^{n} x_{ij} \cdot p_j$

$\therefore (q',p') \prec (q',p)$

$\therefore (q',p') \prec (q,p)$

$\therefore (q,p)$ 是劣解

$\therefore (q,p) \notin P_k$

$\therefore$ 假设不成立

$\therefore$ 公式是正确的

综上所述，公式(2-21)是成立的。

公式(2-21)表明，完全 Pareto 集合 P_m 不仅仅是解空间 Q_m 的子集，也是广义笛卡儿积 R_m 的子集，由于 R_m 的大小要远远小于 Q_m，所以可以将问题的搜索空间从 Q_m 调整到 R_m，这样可以提高问题解决的效率。针对该结论，本章设计了 CPSGA 用于完全 Pareto 集合的生成工作，下面将对其进行详细描述。

2.3.3 阶段一：完全 Pareto 集合生成算法

本节将对完全 Pareto 集合生成算法 CPSGA 进行详细描述。

在 CPSGA 中有一种特殊情况：用户需求的云实例数量为 1，即 $m=1$，在这种情况下，问题的解空间 Q_1 就是云实例类型集合 T 的编号集合(第 1～4 行)。完全 Pareto 集合 P_1 通过调用 getParetoSet 获得(第 5 行)，并且返回(第 6～8 行)。其余情况下，CPSGA 需要从 2 遍历到 m 去生成广义笛卡儿积和完全 Pareto 集合(第 9～12 行)。最后，CPSGA 将会返回用户需求云实例数量为 m 下的完全 Pareto 集合 P_m(第 13 行)。该算法循环执行 $m-1$ 次，同时调用 getParetoSet，由于 getParetoSet 的时间复杂度为 $O(|\hat{Q}|\log|\hat{Q}|)$，所以 CPSGA 的时间复杂度为 $O(m|\hat{Q}|\log|\hat{Q}|)$。

算法 CPSGA：生成完全 Pareto 集合

输入：需求的云实例数量 m，云实例类型集合 T

输出：完全 Pareto 集合 P_m

```
1:   Q_1 = []
2:   For i = 1 to length(T) do
3:       Q_1.append([i])
4:   End for
5:   P_1 = getParetoSet(T, Q_1)
6:   If m == 1 then
7:       Return P_1
8:   End if
9:   For i = 2 to m do
10:      R_i = P_{i-1} × P_1
11:      P_i = getParetoSet(T, R_i)
12:  End for
13:  Return P_m
```

getParetoSet 的作用是从解空间的子集 $\hat{Q}$ 中生成 Pareto 集合 P，$\hat{Q}$ 可能是完全 Pareto 集合也有可能是解空间。首先，getParetoSet 通过调用 getTotalCapacity 和 getTotalPrice 获得总体计算能力集合 TCs (第 1 行)和总体价格集合 TPs (第 2 行)。然后，按照总体价格集合 TPs 中的元素从小到大的顺序进行排序，排序过程中同步调整 $\hat{Q}$ 和 TCs (第 3 行)。完全 Pareto 集合通过从小到大遍历价格便可以获得。在该过程中，第一个元素一定是非劣解(第 4 行)，对于接下来的方案，如果其计算能力高于其上一个非劣解，则该解也是非劣解，其他情况下为劣解(第 5～18 行)。最后，

完全 Pareto 集合 P 被返回。显然，该算法的主要时间开销在排序过程，所以其时间复杂度为 $O(|\hat{Q}|\log|\hat{Q}|$。

算法 getParetoSet：获得完全 Pareto 集合

输入：云实例类型集合 T，解空间的子集 $\hat{Q}$

输出：完全 Pareto 集合 P

1： TCs = getTotalCapacity（T，$\hat{Q}$）
2： TPs = getTotalPrice（T，$\hat{Q}$）
3： 对总体价格集合 TPs 中的元素从小到大进行排序，排序过程中同步调整 $\hat{Q}$ 和 TCs
4： $P = [\hat{Q}[1]]$
5： pre = 1
6： $j = 2$
7： **While** $j <=$ length（$\hat{Q}$）**do**
8： $k = j$
9： **While** TPs[k] == TPs[j] **do**
10： $k++$
11： **End while**
12： l = the id of max（[TPs[$j:k$]）
13： **If** TCs[j] > TCs[pre] **then**
14： P.append（$\hat{Q}[l]$）
15： pre = l
16： **End if**
17： $j = k$
18： **End while**
19： **Return** P

对于给定的解空间子集 $\hat{Q}$，getTotalCapacity 的作用是生成其对应的总体计算能力集合 TCs。对于 $\hat{Q}$ 中的每一个云实例选择方案，getTotalCapacity 都需要计算它的总体计算能力 TC（第 3～6 行），并将该结果添加到总体计算能力集合 TCs（第 7 行），最终将 TCs 返回(第 9 行)。在 getTotalCapacity 中，一共有两层循环，外层循环的计数为 $|\hat{Q}|$，内层循环的计数为 m，因此，getTotalCapacity 的时间复杂度为 $O\left(m|\hat{Q}|\right)$。

算法 getTotalCapacity：生成总体计算能力集合

输入：云实例类型集合 T，解空间的子集 $\hat{Q}$

输出：总体计算能力集合 TCs

1： TCs = []

```
2:   For  j = 1  to length( Q̂ ) do
3:        TC = 0
4:        Foreach  k  in  Q̂[j]  do
5:             TC+ = T[k].capacity
6:        End for
7:        TCs .append( TC )
8:   End for
9:   Return  TCs
```

与 getTotalCapacity 类似，getTotalPrice 的作用是对于给定的解空间子集 $\hat{Q}$，生成其对应的总体价格集合 TPs。首先，对于 $\hat{Q}$ 中的每一个云实例选择方案，计算它的总体价格 TP (第 3～6 行)。然后将该结果添加到总体价格集合 TPs (第 7 行)。最终将 TPs 返回(第 9 行)。getTotalPrice 的时间复杂度同样为 $O(m|\hat{Q}|)$。

算法 getTotalPrice：生成总体价格集合

输入：云实例类型集合 T，解空间的子集 $\hat{Q}$

输出：总体价格集合 TPs

```
1:   TPs = []
2:   For  j = 1  to length( Q̂ ) do
3:        TP = 0
4:        Foreach  k  in  Q̂[j]  do
5:             TP+ = T[k].price
6:        End for
7:        TPs .append( TP )
8:   End for
9:   Return  TPs
```

2.3.4　阶段二：最优选择方案筛选算法

在得到完全 Pareto 集合之后，需要从中筛选出一个合适的方案作为最终的部署方案。该过程可以通过非常多的方法完成，比如熵方法[2-4]、膝点法[5, 6]、Zeleny 方法[7]等。本章中，受文献[8]的启发，设计了最优云实例选择方案筛选算法 OSSA 用于从完全 Pareto 集合中筛选最优方案。

在选择最优方案之前，需要根据总体计算能力和总体价格约束对完全 Pareto 集合 P_m 进行过滤操作，只保留满足约束的方案(第 1 行)。在单云下的云实例选择问题中，一共有两个优化目标，故将总体计算能力和总体价格分别作为两个维度构建欧氏空间，然后最优方案的筛选问题转化为从该二维空间中选择最优点问题。显然，

如果一个点在两个维度上都具有最优的值，则该点一定是最优点，但是实际上这样的最优点可能并不存在，所以可以假设存在这样的一个理论点，然后从完全 Pareto 集合中寻找距离该理论最优点最近的点作为最终的选择方案。该理论最优点在总体计算能力维度上应该具有最大值，在总体价格维度上应该具备最小值。所以 OSSA 需要先得到最大的总体计算能力 bestTC（第 7 行）和最小的总体价格 bestTP（第 8 行）。接下来便可以得到理论最优点 (bestTC, bestTP)。通常来说，理论最优点是不存在于完全 Pareto 集合中的。然后，计算完全 Pareto 集合中每一个点到理论最优点的欧氏距离（第 10、12 行），选择其中最小欧氏距离的点作为最终的选择方案（第 11～17 行）。在此过程中，考虑到不同维度的量纲不同，首先对其进行了归一化操作（第 5～6 行）。显然，OSSA 的时间复杂度为 $O(m|P|)$。

算法 OSSA：筛选最优方案

输入：完全 Pareto 集合 P_m

输出：最优实例类型选择方案 bestS

1：　根据总体计算能力和总体价格约束对完全 Pareto 集合 P_m 进行过滤操作得到 P'_m

2：　**If** $P'_m == \varnothing$ **then**

3：　　　**Return** $\varnothing$

4：　**End if**

5：　TCs = normalization (getTotalCapacity (P'_m))

6：　TPs = normalization (getTotalPrice (P'_m))

7：　bestTC = getMaxCapacity (TCs)

8：　bestTP = getMinPrice (TPs)

9：　bestNum = 1

10：bestDis = getEuclideanDis (TCs[1], TPs[1], bestTC, bestTP)

11：**For** $i = 2$ to length (P'_m) **do**

12：　　currentDis = getEuclideanDis (TCs[i], TPs[i], bestTC, bestTP)

13：　　**If** currentDis < bestDis **then**

14：　　　　bestNum = i

15：　　　　bestDis = currentDis

16：　　**End if**

17：**End for**

18：**bestS** = P'_m[bestNum]

19：**Return bestS**

2.4　实验及其分析

为了更好地评估所提出的方法，本节进行了充分的实验。首先对实验环境和实验数据进行了描述，然后通过与其他算法进行对比实验，验证了 CPSGA 的高效性，最后通过修改 OSSA 使得 CISM 可以解决单目标下的云实例选择问题，通过与现有的工作进行对比，验证了所提模型的可拓展性和正确性。

2.4.1　实验设置

本节主要对实验环境、实验数据的获取和预处理过程进行描述。

(1) 实验环境。

本章中的实验是在 GNU Linux 操作系统下进行的，系统 CPU 为 3.40 GHz 的 Intel(R) Core(TM) i5-7500，系统内存为 16GB，使用的编程语言为 Python3.6。

(2) 实验数据。

本章实验使用的数据来自于 Amazon EC2 位于 ap-northeast-2 的一个数据中心的操作系统为 Linux/UNIX 的按需实例数据，通过使用 Beautiful Soup 库[9]去解析 Amazon EC2 的按需实例类型网页[10]获得。使用的计算能力评价指标是 ECU，该指标是 Amazon EC2 提供的官方指标，当然，可以使用其他指标对其进行替换，比如 SPECint benchmark[11]。由于官方数据中的 ECU 指标在某些实例下不确定，所以对于不确定的数据进行剔除操作，最终一共得到 47 种按需实例类型数据，具体如表 2.1 所示，同时对其进行编码：*T*1～*T*47。可以看出，它们具备不同的价格和计算能力。

表 2.1　云实例类型信息统计表

编码	云实例类型	计算能力	价格/$
*T*1	*m*5.large	10	0.118
*T*2	*m*5.xlarge	15	0.236
*T*3	*m*5.2xlarge	31	0.472
*T*4	*m*5.4xlarge	61	0.944
*T*5	*m*5.12xlarge	173	2.832
*T*6	*m*5.24xlarge	345	5.664
*T*7	*m*4.large	6.5	0.123
*T*8	*m*4.xlarge	13	0.246
*T*9	*m*4.2xlarge	26	0.492
*T*10	*m*4.4xlarge	53.5	0.984
*T*11	*m*4.10xlarge	124.5	2.46
*T*12	*m*4.16xlarge	188	3.936

续表

编码	云实例类型	计算能力	价格/$
*T*13	*c*5.large	8	0.096
*T*14	*c*5.xlarge	16	0.192
*T*15	*c*5.2xlarge	31	0.384
*T*16	*c*5.4xlarge	62	0.768
*T*17	*c*5.9xlarge	139	1.728
*T*18	*c*5.18xlarge	278	3.456
*T*19	*c*4.large	8	0.114
*T*20	*c*4.xlarge	16	0.227
*T*21	*c*4.2xlarge	31	0.454
*T*22	*c*4.4xlarge	62	0.907
*T*23	*c*4.8xlarge	132	1.815
*T*24	*p*2.xlarge	12	1.465
*T*25	*p*2.8xlarge	94	11.72
*T*26	*p*2.16xlarge	188	23.44
*T*27	*p*3.2xlarge	23.5	4.981
*T*28	*p*3.8xlarge	94	19.924
*T*29	*p*3.16xlarge	188	39.848
*T*30	*x*1.16xlarge	174.5	9.671
*T*31	*x*1.32xlarge	349	19.341
*T*32	*r*4.large	7	0.16
*T*33	*r*4.xlarge	13.5	0.32
*T*34	*r*4.2xlarge	27	0.64
*T*35	*r*4.4xlarge	53	1.28
*T*36	*r*4.8xlarge	99	2.56
*T*37	*r*4.16xlarge	195	5.12
*T*38	*i*3.large	7	0.183
*T*39	*i*3.xlarge	13	0.366
*T*40	*i*3.2xlarge	27	0.732
*T*41	*i*3.4xlarge	53	1.464
*T*42	*i*3.8xlarge	99	2.928
*T*43	*i*3.16xlarge	200	5.856
*T*44	*d*2.xlarge	14	0.844
*T*45	*d*2.2xlarge	28	1.688
*T*46	*d*2.4xlarge	56	3.376
*T*47	*d*2.8xlarge	116	6.752

2.4.2　实验结果及分析

在本节中，通过进行大量的实验来验证提出模型的正确性、高效性和可拓展性。

(1)搜索空间分析。

在 CISM 中，生成完全 Pareto 集合的搜索空间是广义笛卡儿积 R_m，然而在暴力算法或者是在 NSGA-Ⅱ中，搜索空间是解空间 Q_m。为了验证广义笛卡儿积 R_m 的值远小于解空间 Q_m，本节进行了搜索空间大小的对比实验。分别对不同 m 下的 R_m 对 Q_m 的占比进行统计，m 的选取为 1～20，当 $m=1$ 时，认为 $R_1=Q_1$ 结果如图 2.1 所示。

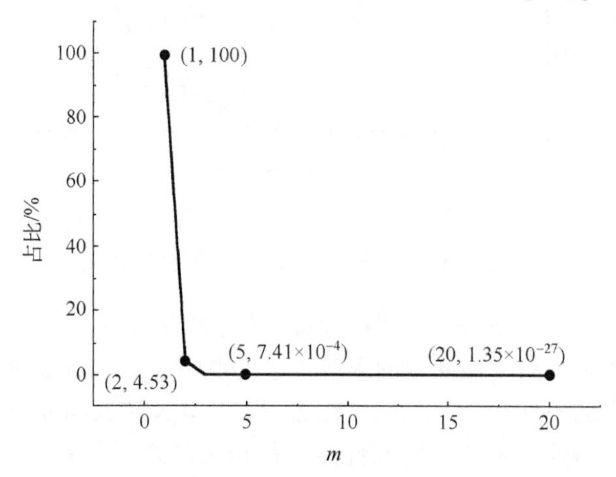

图 2.1　不同 m 下的 R_m 对 Q_m 的占比

因为 $R_1=Q_1$，显然当 $m=1$ 时的占比为 100%。可以看出，当 $m>2$ 时，占比是小于 5%的，并且随着 m 的增加，该占比呈现急剧下降的趋势。特别的，当 $m=5$ 时的占比为 (7.41×10^{-4})%，当 $m=20$ 时占比已经下降到 (1.35×10^{-27})%。该实验结果完全说明本章提出的算法可以大大降低问题的搜索空间，提高解决问题的效率。

(2)时间性能分析。

通过对时间复杂度的分析，可以看出在 CISM 中主要的时间开销产生于 CPSGA，因此，本节主要对 CPSGA 的时间性能进行分析。

在多目标优化问题的求解中，元启发式算法是最常用的方式之一，其中，NSGA-Ⅱ[12]是非常受欢迎的多目标元启发式算法，它具备很强的全局搜索能力和良好的性能。在云计算的资源优化调度问题中，NSGA-Ⅱ被广泛使用，比如工作流调度[12,13]、任务调度[14,15]、云架构下的容器调度[16]、云中容器业务流程下的资源调度[17]等。因此，在本章中，使用 NSGA-Ⅱ作为对比算法之一。

同时，本章也实现了通过遍历方式暴力求解问题的算法 Traversal，显然，通过遍历解空间，该算法是可以得到完全 Pareto 集合的。

在本节中，选择 m 为 1～20，统计不同算法在不同 m 下的时间开销，实验结果如图 2.2 所示。

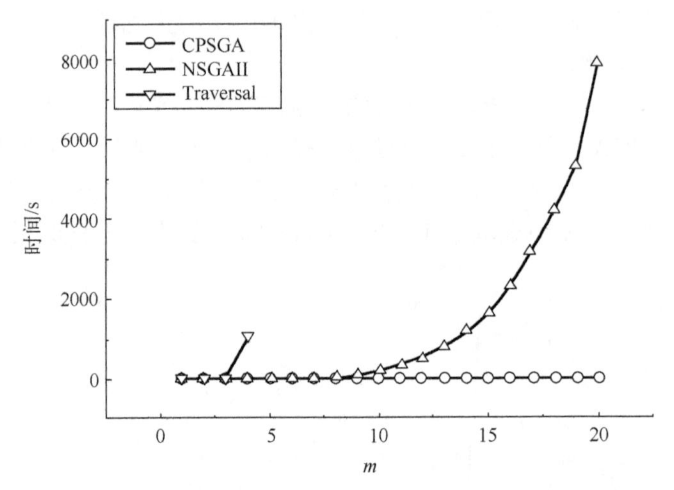

图 2.2　不同 m 下不同算法运行时间对比图

在实验结果中，Traversal 只有四个点，只是因为当 $m \geqslant 5$ 时，问题的解空间过于庞大，实验环境无法完成该问题的求解，这也说明了 Traversal 的高时间复杂度以及其在实际应用中的不实用性。从图中还可以看出，NSGA-Ⅱ的时间开销随着 m 的增加呈现指数型的爆炸式增长，时间性能变得越来越差。尽管 CPSGA 的时间开销也呈现增长的趋势，但是与 Traversal 和 NSGA-Ⅱ相比是完全可以接受的。总体来说，CPSGA 在生成 Pareto 集合的问题上具有非常好的时间性能。

(3) 与 NSGA-Ⅱ的 Pareto 集合对比。

本节中，在四种情况下对 CPSGA 和 NSGA-Ⅱ产生的 Pareto 集合进行对比：$m=5$、$m=10$、$m=15$ 和 $m=20$。首先将 CPSGA 和 NSGA-Ⅱ的实验结果进行统计，绘制得到图 2.3，其中，黑色的点表示 CPSGA 和 NSGA-Ⅱ共有的解，红色的点表示 CPSGA 特有的解，绿色的表示 NSGA-Ⅱ特有的解。按照公式(2-21)及其数学证明，可以知道黑色点加上红色点共同构成完全 Pareto 集合。

从实验结果中可以很明显看出，NSGA-Ⅱ得到的结果并不是完全 Pareto 集合，该结果中缺少部分非劣解，甚至缺少在某个区间中的所有非劣解。比如在图 2.3(a)中，该区间为总体价格大于 28.320，在图 2.3(b)中，该区间为总体价格大于 125.025，在图 2.3(c)中，该区间为总体价格大于 112.314，在图 2.3(d)中，该区间为总体价格大于 195.342。

同时，可以发现在 NSGA-Ⅱ的结果中还包含一些劣解，比如在图 2.3(a)中的点 b(7.375, 592)被点 a(7.34, 592)所支配，在图 2.3(b)中的点 b(8.842, 713)被点 a(8.824, 713)所支配，在图 2.3(c)中的点 b(16.998, 1372)被点 a(16.992, 1372)所支配，在图 2.3(d)中的点 b(21.606, 1745)被点 a(21.6, 1745)所支配。

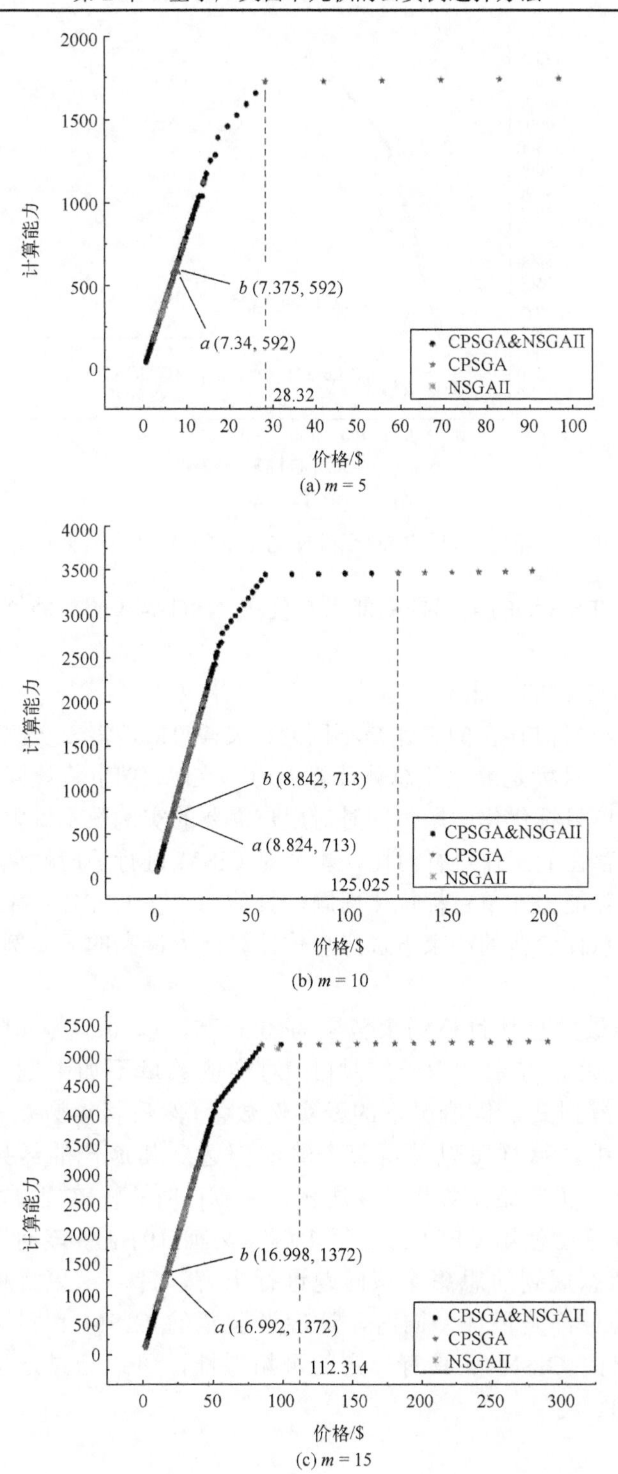

(a) $m = 5$

(b) $m = 10$

(c) $m = 15$

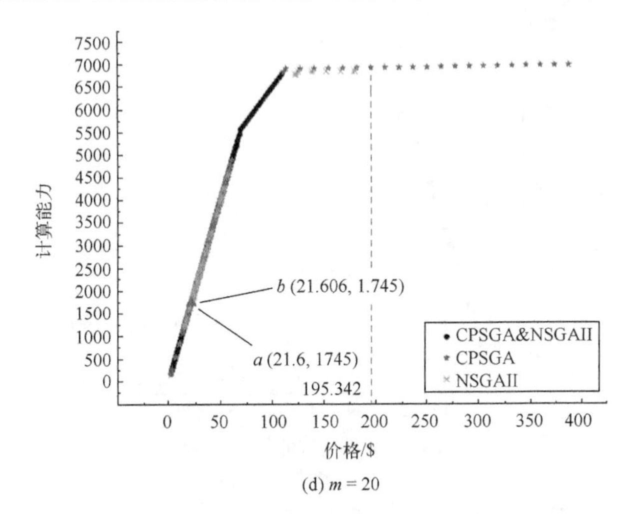

(d) $m = 20$

图 2.3　不同 m 下 CPSGA 和 NSGA-Ⅱ的结果对比(见彩图)

综上所述，CPSGA 的全局搜索能力是优于 NSGA-Ⅱ的，能够克服陷入局部最优的问题。

(4)与已存在工作的对比。

本章的工作与目前存在的工作是不同的，文献[18]是将云实例选择问题转化为单目标优化问题，目标是最大化总体计算能力，文献[19]也将该问题转化为最大化总体计算能力的单目标优化问题，同时对用户需要的实例数不做限制。

为了和目前存在的工作进行对比，本节对 CISM 进行适应性调整，使其可以完成最大化总体计算能力的单目标优化问题。具体地，在 CPSGA 得到完全 Pareto 集合之后，在最大总体价格的约束下选择总体计算能力最高的云实例选择方案作为最终的最优方案。

本节设定的最大总体价格约束范围为 0.5～5，以 0.5 为间隔，一共有十组最大总体价格约束。首先，由于文献[19]对实例数量不加限制，所以需要先根据文献[19]计算得到其最优情况下的云实例数量，然后将该数量设定在 CISM 和文献[18]的算法中，这样可以使得每个算法都达到其最佳的结果，提高对比的科学性和准确性。实验结果如图 2.4 所示，文献[18]是将该问题转化为 0-1 整数规划问题，然后通过使用 CPLEX 进行求解，文献[19]是将该问题转化为背包问题，通过使用动态规划的思想对该问题进行求解，针对该单目标优化问题，两者的结果相同并且都是最优，同时，适应性调整的 CISM 也可以达到该结果，这说明本章提出的 CISM 还具有一定的可拓展性，可以通过适应的调整去解决单目标优化问题。

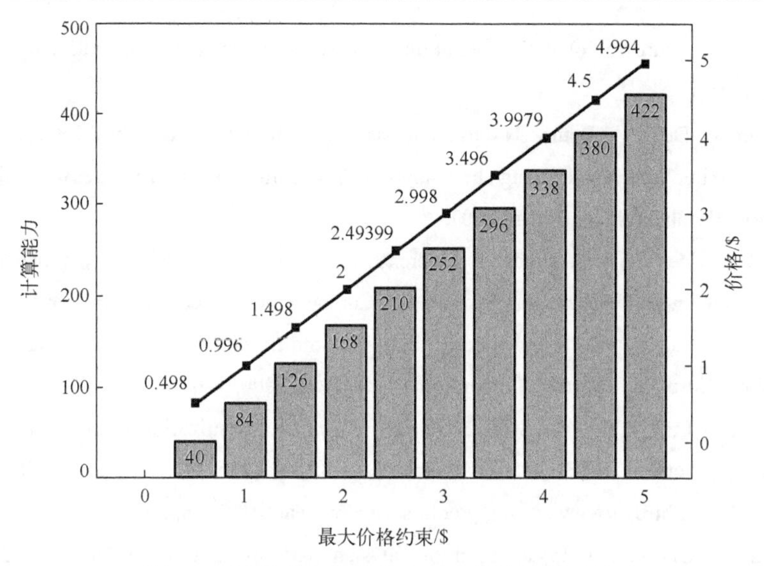

图 2.4　不同最大价格约束下的算法结果对比

2.5 本章小结

在本章中，将单云环境下的云实例选择问题转化为同时最小化总体价格和最大化总体计算能力的多目标优化问题，设计了基于广义笛卡儿积的云实例选择模型 CISM，该模型主要包括两个阶段：第一阶段主要用于构建多目标优化问题的完全 Pareto 集合，该阶段设计了完全 Pareto 集合生成算法 CPSGA；第二阶段主要从完全 Pareto 集合中对云实例选择方案进行筛选，挑选满足用户需求的最佳选择方案，该阶段设计了最优云实例选择方案筛选算法 OSSA。通过丰富的实验进行分析，验证了 CPSGA 的高效性和所提算法的正确性和可拓展性。

参考文献

[1] Li W, Tordsson J, Elmroth E. Virtual machine placement for predictable and time-constrained peak loads//International Workshop on Grid Economics and Business Models, Berlin, 2011.

[2] Ma L, Zhang Y, Zhao Z. Improved VIKOR algorithm based on AHP and Shannon entropy in the selection of thermal power enterprise's coal suppliers//The 2008 International Conference on Information Management, Innovation Management and Industrial Engineering, Taipei, 2008.

[3] Wang T C, Lee H D. Developing a fuzzy TOPSIS approach based on subjective weights and objective weights. Expert Systems with Applications, 2009, 36(5): 8980-8985.

[4] Shemshadi A, Shirazi H, Toreihi M, et al. A fuzzy VOKOR method for supplier selection based

on entropy measure for objective weighting. Expert Systems with Applications, 2011, 38(10): 12160-12167.

[5] Emmerich M, Deutz A, Beume N. Gradient-based/evolutionary relay hybrid for computing pareto front approximations maximizing the S-metric//Proceedings of the 4th International Conference on Hybrid Metaheuristics, Berlin, 2007.

[6] Jaimes A L, Coello C C A. Study of preference relations in many-objective optimization//The 11th Annual Conference on Genetic and Evolutionary Computation Conference, New York, 2009.

[7] Viana A, Sousal J P D. Using metaheuristics in multi-objective resource constrained project scheduling. European Journal of Operational Research, 2000, 120(2): 359-374.

[8] Su M, Zhang L, Wu Y, et al. Systematic data placement optimization in multi-cloud storage for complex requirements. IEEE Transactions on Computers, 2016, 65(6): 1964-1977.

[9] Beautiful Soup. https://www.crummy.com/software/BeautifulSoup, 2018.

[10] Amazon EC2 On-Demand Instances. https://aws.amazon.com/ec2/pricing/on-demand, 2018.

[11] SPEC CPU Benchmark Suites. http://www.spec.org/cpu, 2018.

[12] Shishido H Y, Estrella J C, Toledo C F M. Multi-objective optimization for workflow scheduling under task selection policies in clouds//The 2018 IEEE Congress on Evolutionary Computation, Rio de Janeiro, 2018.

[13] Thant P T, Powell C, Schlueter M, et al. A level-wise load balanced scientific workflow execution optimization using NSGA-II//The 17th IEEE/ACM International Symposium on Cluster, Cloud and Grid Computing, Madrid, 2017.

[14] Sofia A S, Ganesh P. Multi-objective task scheduling to minimize energy consumption and makespan of cloud computing using NSGAII. Journal of Network and Systems Management, 2018, 26(2): 463-485.

[15] Ananth A, Chandrasekaran K. Cooperative game theoretic approach for job scheduling in cloud computing//The 2015 International Conference on Computing and Network Communications, Trivandrum, 2015.

[16] Guerrero C, Lera I, Juiz C. Genetic algorithm for multi-objective optimization of container allocation in cloud architecture. Journal of Grid Computing, 2018, 16(1): 113-135.

[17] Guerrero C, Lera I, Juiz C. Resource optimization of container orchestration: a case study in multi-cloud microservices-based applications. The Journal of Supercomputing, 2018,74(2018): 1-28.

[18] Kanagavelu R, Lee B S, Le N T D, et al. Virtual machine placement with two-path traffic routing for reduced congestion in data center networks. Computer Communications, 2014, 53(2014): 1-12.

[19] Li W, Tordsson J, Elmroth E. Modeling for dynamic cloud scheduling via migration of virtual machines//IEEE 3rd International Conference on Cloud Computing Technology and Science, Athens, 2011.

第 3 章　基于改进遗传算法的云实例选择方法

3.1　引　　言

在单云环境下部署服务可以尽可能减少由通信延迟带来的时间开销，从短期来看，具有较高的性价比。但是从长期来看，将服务全部部署至单一云数据中心上是存在巨大风险的，比如当使用的云数据中心由各种原因出现了宕机问题，将会导致整个服务的不可用性，或者当使用的云数据中心由黑客入侵等问题造成了信息泄露，这种情况下所有的数据将全部处于危险的状态。因此在多云环境下进行服务部署显得更加可靠与安全。

由于放置在不同地区的不同云数据中心上的云实例之间存在着通信延迟等问题，以及同一云实例类型在不同云数据中心上的价格可能有所差异，所以单云环境下的云实例选择问题无法直接用于多云环境下的云实例选择问题的处理。因此，本章主要对多云环境下的云实例选择问题进行研究。首先，给出了多云环境下云实例选择问题的相关数学定义和数学假设，然后，将该问题转化为最大化总体计算能力的同时最小化总体价格和通信延迟的多目标优化问题，与此同时，本章还通过设置云实例分配比例考虑了云数据中心潜在的失效情况。针对多云环境下的云实例选择问题，通过改进遗传算法的编码方式和基因操作提出了基于改进遗传算法的云实例选择算法 CISA-GA(Cloud Instance Selection Algorithm based on Genetic Algorithm)对该问题进行求解。最后，通过与其他算法进行对比实验，验证了 CISA-GA 的有效性和收敛性。

3.2　问题定义及假设

本节首先给出多云环境下云实例选择问题的假设和相关数学定义，然后将该问题转化为多目标优化问题并给出其数学描述。

3.2.1　数学定义

为了更好地对多云环境下的云实例选择问题进行描述，本章给出如下的数学定义。

定义 3.1　云数据中心集合 C。 假设一共有 n_C 个云数据中心，则云数据中心集合 C 可以定义为

$$C = \{C_1, C_2, \cdots, C_{n_C}\} \tag{3-1}$$

$$|C| = n_C \tag{3-2}$$

定义 3.2　云数据中心 C_i。由于不同云数据中心的地理位置是不同的，所以使用地理位置去定义云数据中心，第 i 个云数据中心的定义为

$$C_i = \langle \text{lat}_i, \text{lon}_i \rangle \tag{3-3}$$

其中，lat_i 和 lon_i 分别表示云数据中心 C_i 的纬度和经度。

定义 3.3　云实例类型集合 T。云市场中存在着多种类型的云实例，它们具备不同的价格和计算能力，本章中使用 T 对云实例类型集合进行表示

$$T = \{T_1, T_2, \cdots, T_{n_T}\} \tag{3-4}$$

$$|T| = n_T \tag{3-5}$$

其中，n_T 表示云实例类型的数量。值得注意的是，在真实场景中，不同云数据中心下的云实例类型是不完全相同的，也就是说，并不是所有的云实例类型都出现在每一个云数据中心中，所以接下来给出云实例类型的具体定义。

定义 3.4　云实例类型 T_i。对于每一种云实例类型 $T_i(1 \leqslant i \leqslant n_T)$，在不同云数据中心下的计算能力是相同的，但是其价格可能是不同的，所以使用三元组的形式对其进行定义

$$T_i = \langle c_i, \boldsymbol{p_i}, \boldsymbol{q_i} \rangle, \quad 1 \leqslant i \leqslant n_T \tag{3-6}$$

其中，$c_i(c_i \geqslant 0)$ 表示云实例类型 T_i 的计算能力，$\boldsymbol{p_i}$ 和 $\boldsymbol{q_i}$ 分别表示云实例类型 T_i 的价格向量和数量向量，两者的具体定义如下。

定义 3.5　价格向量 $\boldsymbol{p_i}$。对于每一种云实例类型 $T_i(1 \leqslant i \leqslant n_T)$，在不同云数据中心下的价格是不相同的，所以使用向量的形式对 T_i 对应的价格进行表示

$$\boldsymbol{p_i} = [p_{i1}, p_{i2}, \cdots, p_{in_C}], \quad 1 \leqslant i \leqslant n_T \tag{3-7}$$

其中，$p_{ij}(p_{ij} \geqslant 0)$ 表示云实例类型 T_i 在云数据中心 C_j 的价格。在实际场景中，可能会有一些云实例类型（比如 T_i）并不存在于云数据中心（比如 C_j），为了方便地处理这种情况，统一定义其价格为 $+\infty$

$$p_{ij} = +\infty \tag{3-8}$$

该定义是基于假设 3.1 进行的，因为当一种云实例类型的价格非常高时，用户必然不会对其进行选择，这也就等价于不存在该云实例类型。

定义 3.6　数量向量 $\boldsymbol{q_i}$。与价格向量类似，也使用向量的形式对不同数据中心下存在的云实例类型 T_i 的数量进行表示

$$q_i = [q_{i1}, q_{i2}, \cdots, q_{in_C}], \quad 1 \leqslant i \leqslant n_T \tag{3-9}$$

其中，$q_{ij}(q_{ij} \geqslant 0)$ 表示云实例类型 T_i 在云数据中心 C_j 的数量，与 p_{ij} 不同，不需要对 q_{ij} 进行特殊定义，根据假设 3.2，定义 q_{ij} 为

$$q_{ij} = +\infty, \quad 1 \leqslant i \leqslant n_T, \quad 1 \leqslant j \leqslant n_C \tag{3-10}$$

定义 3.7　云实例需求集合 V。使用 n_V 表示用户需要的云实例个数，为了便于描述，定义需求的云实例集合为

$$V = \{V_1, V_2, \cdots, V_{n_V}\} \tag{3-11}$$

$$|V| = n_V \tag{3-12}$$

定义 3.8　云实例选择标记 x_{ijk}。本章中，使用 $x_{ijk}(1 \leqslant i \leqslant n_V, 1 \leqslant j \leqslant n_T, 1 \leqslant k \leqslant n_C)$ 标记用户需求的云实例 $V_i(1 \leqslant i \leqslant n_V)$ 是否为云数据中心 $C_k(1 \leqslant k \leqslant n_C)$ 下的云实例类型 $T_j(1 \leqslant j \leqslant n_T)$，具体如下

$$x_{ijk} = \begin{cases} 1, & \text{云实例}V_i\text{是云数据中心}C_k\text{下的云实例类型}T_j \\ 0, & \text{其他} \end{cases}, 1 \leqslant i \leqslant n_V, 1 \leqslant j \leqslant n_T, 1 \leqslant k \leqslant n_C \tag{3-13}$$

由于每一个 V_i 只能选择一种云实例类型，所以可以得到如下约束

$$\sum_{j=1}^{n_T} \sum_{k=1}^{n_C} x_{ijk} = 1, \quad 1 \leqslant i \leqslant n_V \tag{3-14}$$

同理，对于用户所有的云实例需求，可以得到如下约束

$$\sum_{i=1}^{n_V} \sum_{j=1}^{n_T} \sum_{k=1}^{n_C} x_{ijk} = n_V \tag{3-15}$$

定义 3.9　总体计算能力 TC。对于每一种云实例选择方案都对应着一个总体计算能力，计算公式如下

$$\text{TC} = \sum_{i=1}^{n_V} \sum_{j=1}^{n_T} \sum_{k=1}^{n_C} x_{ijk} \times c_j \tag{3-16}$$

定义 3.10　总体价格 TP。与总体计算能力 TC 同理，每一种云实例选择方案也对应一个总体价格，计算公式如下

$$\text{TP} = \sum_{i=1}^{n_V} \sum_{j=1}^{n_T} \sum_{k=1}^{n_C} x_{ijk} \times p_j \tag{3-17}$$

定义 3.11　通信延迟 d_{ij}。由于不同云数据中心所处的地理位置不同，通常来说，随着云数据中心之间地理距离的增加，通信延迟也会上升，所以本章使用云数据中

心之间的地理距离表征云数据中心之间的通信延迟。对于云数据中心 C_i 与 C_j 之间的通信延迟 d_{ij} 表示为

$$
\begin{aligned}
d_{ij} &= 2R \times \arcsin(\sqrt{a+b}) \\
a &= \sin^2\left(\frac{\text{lat}_1 - \text{lat}_2}{2}\right) \\
b &= \cos(\text{lat}_1) \times \cos(\text{lat}_2) \times \sin^2\left(\frac{\text{lon}_1 - \text{lon}_2}{2}\right)
\end{aligned}
\tag{3-18}
$$

定义 3.12 总体通信延迟 TD。对于每一种云实例选择方案都对应着一个总体通信延迟，计算公式如下

$$
\text{TD} = \sum_{i_1=1}^{n_V}\sum_{j_1=1}^{n_T}\sum_{k_1=1}^{n_C}\sum_{i_2=1}^{n_V}\sum_{j_2=1}^{n_T}\sum_{k_2=1}^{n_C} x_{i_1 j_1 k_1} \times x_{i_2 j_2 k_2} \times d_{k_1 k_2} \tag{3-19}
$$

定义 3.13 云实例分配比例 Pa。对于每一种云实例选择方案，分配到不同云数据中心上的云实例类型数量都是不同的。为了更好地表示，本章引入云实例分配比例 Pa 的概念

$$
\text{Pa} = \{\text{Pa}_1, \text{Pa}_2, \cdots, \text{Pa}_{n_C}\} \tag{3-20}
$$

其中，Pa_k 表示分配到云数据中心 C_k 下的云实例数量占用户总体需求数的百分比，计算公式如下

$$
\text{Pa}_k = \frac{\sum_{i=1}^{n_V}\sum_{j=1}^{n_T} x_{ijk}}{n_V}, \quad 1 \leqslant k \leqslant n_C \tag{3-21}
$$

定义 3.14 最大分配比例约束 maxPa。由于每一个云数据中心都有可能发生宕机的情况，所以如果不考虑云实例在不同云数据中心的分配情况而进行云实例类型的选择是不合适的，这可能会带来一定的隐患，当选择的云数据中心宕机时，所有的云实例将瞬间不可用。为了降低云数据中心宕机带来的损失，本章引入最大分配比例约束 maxPa。

比如，当 $n_C = 2$、$\text{maxPa} = 50\%$ 时，最终两个云数据中心都被选择，并且它们的云实例分配比例都应该是 50%。在这种情况下，当一个云数据中心发生宕机时，还有另一半的云实例可以继续使用。另外，存在一个特殊情况，即 $\text{maxPa} \times n_V < 1$，在这种情况下无法满足约束条件，所以在此情况下不考虑最大分配比例约束。该约束的具体定义如下

$$
\text{Pa}_i \leqslant \text{maxPa}, \quad 1 \leqslant i \leqslant n_C, \quad \text{maxPa} \times n_V \geqslant 1 \tag{3-22}
$$

3.2.2　数学假设

为了更加详细地进行问题定义和算法描述，本节给出如下的数学假设。

假设 3.1　如果一种云实例类型的价格非常高，则认为该云实例类型不会被用户选择。这是因为当云实例类型的价格非常大时，用户无法承担使用它的开销。该假设用于指导定义 3.5 的确立。

假设 3.2　对于每一种云实例类型 $T_i(1 \leqslant i \leqslant n_T)$，均假设在每一个云数据中心 $C_j(1 \leqslant j \leqslant n_C)$ 中，有足够的数量供用户进行使用，不会出现资源短缺的问题。该假设用于指导定义 3.6 的确立。

假设 3.3　在很多情形下，用户需求的云实例数量是已知的，比如文献[1]。本章中，仅考虑上述情形。该假设用于指导定义 3.7 的确立。

假设 3.4　由于在同一个云数据中心下的云实例距离比跨云数据中心的云实例距离小得多，前者的通信延迟在本章中不予考虑，只考虑不同云数据中心上云实例之间产生的通信延迟。

3.2.3　问题定义

在多云环境下的云实例选择问题中，研究的目标是最大化总体计算能力、最小化总体价格和总体通信延迟。除此之外，还需要满足一些约束条件。具体的，可以将该问题定义如下

$$\begin{cases} \text{maximize TC}=\sum_{i=1}^{n_V}\sum_{j=1}^{n_T}\sum_{k=1}^{n_C} x_{ijk} \times c_j \\ \text{minimize TP}=\sum_{i=1}^{n_V}\sum_{j=1}^{n_T}\sum_{k=1}^{n_C} x_{ijk} \times p_j \\ \text{minimize TD}=\sum_{i_1=1}^{n_V}\sum_{j_1=1}^{n_T}\sum_{k_1=1}^{n_C}\sum_{i_2=1}^{n_V}\sum_{j_2=1}^{n_T}\sum_{k_2=1}^{n_C} x_{i_1 j_1 k_1} \times x_{i_2 j_2 k_2} \times d_{k_1 k_2} \end{cases} \tag{3-23}$$

s.t.

$$\begin{cases} \sum_{j=1}^{n_T}\sum_{k=1}^{n_C} x_{ijk}=1, & 1 \leqslant i \leqslant n_V \\ \sum_{i=1}^{n_V}\sum_{j=1}^{n_T}\sum_{k=1}^{n_C} x_{ijk}=n_V \\ \mathrm{Pa}_i \leqslant \max \mathrm{Pa}, & 1 \leqslant i \leqslant n_C, \quad \max \mathrm{Pa} \times n_V \geqslant 1 \end{cases} \tag{3-24}$$

3.3 算法描述

为了解决多云环境下的云实例选择问题，本章针对遗传算法进行修改，设计了CISA-GA，该算法主要包括相邻基因间带约束的二维编码，采取精英保留策略和轮盘赌策略的选择操作，采取首次适应策略的交叉操作和具有变异范围的变异操作。

3.3.1 基因表示方式

由于在云市场中存在多个云数据中心，并且在同一云数据中心下存在多种云实例类型，所以分别对云数据中心和云实例类型进行编码得到染色体的二维编码形式，同时，采取符号编码[2]的方式。其中，第一个维度是云数据中心维度，每一个位置是选择的云数据中心的编号，统一规定从 1 开始，即为数字序号表 $\{1,2,3,\cdots,n_C\}$ 中的一个元素；第二个维度是云实例类型维度，每一个位置是选择的云实例类型的编号，即为数字序号表 $\{1,2,3,\cdots,n_T\}$ 中的一个元素。

在此基础上，本章引入了相邻基因间的约束，具体地，对于云数据中心维度，基因遵循非递减的顺序排列，当云数据中心的基因选择相同时，在云实例类型维度，基因同样遵循非递减的顺序排列。基于上述约束，每一个位置的基因取值都受到了限制，所以可以降低问题的搜索空间，该约束具体可以表达为

$$\begin{cases} g_{c_i}=1, g_{t_i}=1, & i=0 \\ g_{c_i}=n_C, g_{t_i}=n_T, & i=n_V+1 \\ g_{c_{i-1}} \leqslant g_{c_i} \leqslant g_{c_{i+1}}, & 1 \leqslant i \leqslant n_V \\ g_{t_{i-1}} \leqslant g_{t_i}, & g_{c_{i-1}} \leqslant g_{c_i}, 1 \leqslant i \leqslant n_V \\ g_{t_i} \leqslant g_{t_{i+1}}, & g_{c_i} \leqslant g_{c_{i+1}}, 1 \leqslant i \leqslant n_V \end{cases} \tag{3-25}$$

其中，g_{c_i} 表示染色体第 i 个位置上的云数据中心编号，g_{t_i} 表示染色体第 i 个位置上的云实例类型编号，g_{c_0}、g_{t_0}、$g_{c_{n_V+1}}$ 和 $g_{t_{n_V+1}}$ 都是辅助基因，目的是方便描述和编程。编码方式描述图如图 3.1 所示，g_{c_i} 对应数字序号表 $\{1,2,3,\cdots,n_C\}$ 中的一个元素，g_{t_i} 对应数字序号表 $\{1,2,3,\cdots,n_T\}$ 中的一个元素

云数据中心	g_{c_0}	g_{c_1}	…	g_{c_i}	…	$g_{c_{nV}}$	$g_{c_{nV+1}}$
云实例类型	g_{t_0}	g_{t_1}	…	g_{t_i}	…	$g_{t_{nV}}$	$g_{t_{nV+1}}$

图 3.1　编码方式描述图

举例说明，如果目前有 2 个云数据中心（$n_C=2$）、12 种云实例类型（$n_T=12$），

用户的云实例需求数为 6（$n_V=6$）。在其编码上，首位和末位基因是辅助基因，首位在两个维度取值均为 1，末位在云数据中心维度的取值为 2，在云实例类型维度的取值为 12。在云数据中心维度上，基因取值按照非递减顺序排列，取值为数字序号表 {1,2} 中的一个元素，云数据中心维度相同情况下在云实例类型维度上同样按照非递减顺序排列，取值为数字序号表 {1,2,3,⋯,12} 中的一个元素。图 3.2 是该情况下的一种编码示例方案，该图表示的云实例选择方案是从 1 号云数据中心中选择 1、10、12 号类型的云实例，从 2 号云数据中心中选择 3、3、7 号类型的云实例。

云数据中心	1	1	1	1	2	2	2	2
云实例类型	1	1	10	12	3	3	7	12

图 3.2　相邻基因间约束下的二维编码方式示例（$n_C=2,n_T=12,n_V=6$）

3.3.2　适应度函数

针对多云环境下的云实例选择问题，借鉴文献[3]的思想，将其目标函数转化为适应度函数，于是该问题的求解转化为最小化适应度函数的过程。

$$f=\sqrt{(\mathrm{TC}-\widehat{\mathrm{TC}})^2+(\mathrm{TP}-\widehat{\mathrm{TP}})^2+(\mathrm{TD}-\widehat{\mathrm{TD}})^2} \tag{3-26}$$

公式(3-26)是理想点法的一种实现，其中 $\widehat{\mathrm{TC}}$、$\widehat{\mathrm{TP}}$ 和 $\widehat{\mathrm{TD}}$ 分别是云实例选择问题中的总体计算能力、总体价格、总体通信延迟的理想值。

理想状态下的总体计算能力是当选择的云实例类型都是最大计算能力的类型时的总体计算能力，计算公式如下

$$\widehat{\mathrm{TC}}=\max\{c_i \mid 1\leqslant i\leqslant n_T\}\times n_V \tag{3-27}$$

与理想状态下的总体计算能力类似，理想状态下的总体价格是当选择的云实例类型都是最小价格的类型时的总体价格，计算公式如下

$$\widehat{\mathrm{TP}}=\min\{p_{i_j} \mid 1\leqslant i\leqslant n_T, 1\leqslant j\leqslant n_C\}\times n_V \tag{3-28}$$

当所有的云实例类型都被放置在同一个云数据中心时，总体通信延迟是最低的，其结果应该为 0

$$\widehat{\mathrm{TD}}=0 \tag{3-29}$$

基于上述描述，给出计算适应度值的伪代码。首先需要得到三个理想值 $\widehat{\mathrm{TC}}$、$\widehat{\mathrm{TP}}$ 和 $\widehat{\mathrm{TD}}$（第 1～3 行），然后对于种群中的每一个个体计算其 TC、TP 和 TD（第 5～11 行），最后将计算结果返回(第 12 行)。在该算法中，单个个体的时间复杂度为 $O(n_V)$，需要对种群 G 每一个个体都进行计算，所以其总体时间复杂度为 $O(n_G n_V)$，其中 n_G 是整个种群中的个体数。

算法 Fitness：计算适应度值

```
输入：种群 G
输出：适应度 f
1:  TC^ =计算总体计算能力的理想值
2:  TP^ =计算总体价格的理想值
3:  TD^ =计算总体通信延迟的理想值
4:  f =[]
5:  Foreach individual Indi in G do
6:      TC_Indi =计算总体计算能力
7:      TP_Indi =计算总体价格
8:      TD_Indi =计算总体通信延迟
9:      f_Indi =计算适应度
10:     f .append( f_Indi )
11: End for
12: Return f
```

3.3.3 基因操作

在 CISA-GA 中，选择、交叉和变异三种基因操作都进行了适当的调整，本节将对其进行详细描述。

(1)选择操作。

在 CISA-GA 的选择操作中，采取了轮盘赌的策略，在从上一次迭代的种群中选择个体组成新种群的过程中，通过使用适应度值计算选择概率的方式完成，其中，选择概率的计算公式如下

$$P_{s_k}=\frac{f_k}{\sum_{i=1}^{n_G}f_i},\quad 1\leqslant k\leqslant n_G \tag{3-30}$$

其中，f_i 是第 i 个个体的适应度值。

除此之外，为了提高算法迭代的速度，在 CISA-GA 的选择过程中，还引入了精英保留策略。就是在选择个体组成新种群的过程中，之前最佳的个体将被直接保留下来，通过该操作，可以保证种群的迭代过程更加稳定。

本节给出算法 Selection 的伪代码。首先需要求出种群中每个个体的适应度值(第 1 行)，然后计算个体被选择的概率(第 3 行)，通过使用轮盘赌策略生成新种群(第 4 行)，同时将最优个体保存下来(第 2、5 行)。在该算法中，调用 Fitness(第 1 行)是最耗时的操作，其时间复杂度为 $O(n_G n_V)$，所以整体的时间复杂度为 $O(n_G n_V)$。

算法 Selection：CISA-GA 的选择操作

输入：种群 G

输出：新种群 $\hat{G}$

1：　f =Fitness(G)

2：　bestIndi =根据 f in G 获得最优个体

3：　$\boldsymbol{P}_s$ =计算个体被选择的概率

4：　$\hat{G}$ =基于轮盘赌策略生成新种群

5：　$\hat{G}$ 中的随机个体被最优个体 bestIndi 取代

6：　**Return** $\hat{G}$

(2)交叉操作。

在 CISA-GA 的交叉操作中，需要首先设定一个交叉概率 P_c ，该概率表示每一个染色体进行交叉操作的概率。由于相邻基因间具有大小约束，所以传统 GA 的交叉操作不再适合，为了解决该问题，本章引入了首次适应策略。

在算法 Crossover 中，首次适应策略通过三步完成。首先，对于染色体 ch1 和 ch2，通过随机方式得到其候选交叉点 point (第 6 行)。然后，在云数据中心维度上，从 point 开始，寻找第一个可以满足公式(3-25)的点 point_c (第 7 行)，如果不存在合适的交叉点则结束当前染色体的交叉操作(第 8～10 行)，否则才进行交叉操作(第 11 行)。最后，与云数据中心维度相似，在云实例类型维度上寻找第一个满足相邻基因间约束的位置 point_t (第 12 行)，如果不存在，同样结束当前染色体的交叉操作(第 13～15 行)，否则才继续进行交叉操作(第 16 行)。两个维度上的交叉操作都执行完成之后才算完成当前染色体的交叉操作(第 17 行)。对于种群中的每一个染色体，都以 P_c 的概率进行交叉操作，在进行交叉操作的过程中，最坏情况下需要遍历染色体的每一个基因。总体来说，Crossover 的时间复杂度为 $O(P_c n_G n_V)$ 。

算法 Crossover：CISA-GA 的交叉操作

输入：种群 G ，交叉概率 P_c

输出：新种群 $\hat{G}$

1：　$\hat{G}$ =[]

2：　**Foreach** individual Indi in G **do**

3：　　**If** random() < P_c **then**

4：　　　ch1 = Indi 的染色体

5：　　　ch2 = G 中随机个体的染色体

6：　　　point =随机方式获得候选交叉点

7：　　　point_c =云数据中心维度上，在 ch2 上从 point 开始获得第一个合适的交叉点

8:　　　　**If** $point_c$ == None **then**

9:　　　　　　continue

10:　　　　**End if**

11:　　　　云实例类型维度上，交换 ch1[point] 和 ch2[$point_c$] 的值

12:　　　　$point_t$ =云实例类型维度上，在 ch2 上从 $point_c$ 开始获得第一个合适的交叉点

13:　　　　**If** $point_t$ == None **then**

14:　　　　　　continue

15:　　　　**End if**

16:　　　　云实例类型维度上，交换 ch1[point] 和 ch2[$point_t$] 的值

17:　　　　更新个体 Indi

18:　　　**End if**

19:　　　$\hat{G}$ .append (Indi)

20:　**End for**

21:　**Return** $\hat{G}$

举例说明，图 3.3 为染色体 ch1 的交叉操作过程，首先随机选择 ch2 作为交叉对象，然后随机选择 point 位置作为候选交叉点，从该点开始，在云数据中心维度上寻找第一个满足公式(3-25)的位置，在该示例中选择了 $point_c$ 位置，将 ch1 在 point 位置上云数据中心维度的取值 1 修改为 2。然后从 $point_c$ 位置继续寻找在云实例类型维度第一个满足公式(3-25)的位置 $point_t$，将 ch1 在 point 位置上云实例类型维度的取值 9 修改为 7，得到一条新的染色体，该新染色体同样可以保持相邻基因间的约束。

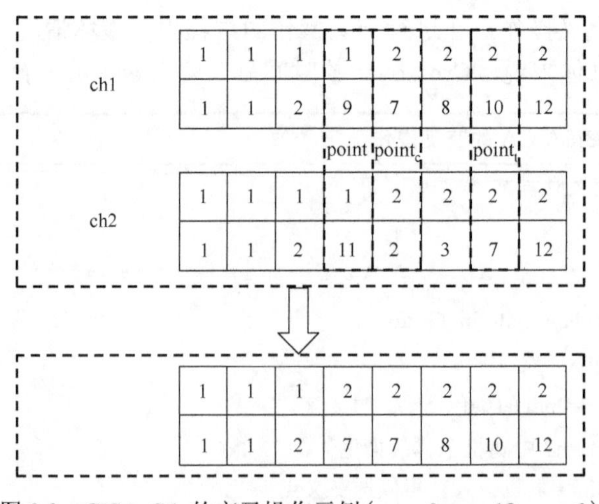

图 3.3　CISA-GA 的交叉操作示例（$n_C = 2, n_T = 12, n_V = 6$）

(3) 变异操作。

在 CISA-GA 的迭代过程，对于每个基因都以 P_m 的概率发生变异操作。在发生变异操作时，相邻基因间约束需要被满足。该约束等价于定义了基因变异的上下界，在该范围内基因随机变异。

在算法 Mutation 中，需要对每个基因进行判断其是否发生变异(第 3 行)。当确定基因发生变异操作时(第 4 行)，首先需要确定云数据中心维度的变异范围，即当前基因前后相邻基因的大小范围(第 5～6 行)，然后进行随机变异操作(第 7 行)。完成云数据中心维度的变异操作之后，继续确定云实例类型维度的变异范围，需要根据当前基因前后相邻基因的云数据中心维度的取值情况进行确定(第 8～9 行)，最后通过云实例类型维度的变异完成基因变异操作(第 10 行)。对于种群中的每一个基因，都以 P_m 的概率发生变异操作，变异操作的时间复杂度为 $O(1)$，所以算法 Mutation 的时间复杂度应为 $O(P_m n_G n_V)$。

算法 Mutation：CISA-GA 的变异操作

输入：种群 G，变异概率 P_m

输出：更新种群 $\hat{G}$

```
1:  Foreach individual Indi in G do
2:      g = Indi 的染色体
3:      For i = 1 to n_V do
4:          If random() < P_m then
5:              upper_c = g_{c_{i+1}}
6:              lower_c = g_{c_{i-1}}
7:              change g_{c_i} to randint(lower_c, upper_c)
8:              upper_t = g_{t_{i+1}} if g_{c_i} == g_{c_{i+1}} else n_T
9:              lower_t = g_{t_{i-1}} if g_{c_i} == g_{c_{i-1}} else 1
10:             change g_{t_i} to randint(lower_t, upper_t)
11:         End if
12:     End for
13: End for
14: Return G
```

举例说明，图 3.4 是 CISA-GA 的变异操作过程，比如对于选定的方框内的基因，其左侧基因为 1，即变异下界为 1，右侧基因为 2，即变异上界为 2，所以通过其相邻基因在云数据中心维度的取值确定其变异范围为[1,2]，假设变异结果还是 1。然后在云实例类型维度，因为左边基因在云数据中心维度的取值为 1，所以其变异下界为左边基因在云实例类型维度的取值为 2，右边基因在云数据中心的维度取值为 2，所以变异上界与右边基因无关，变异上界应该是云实例的类型总数 12，所以该基因在云实例类型维度的变异范围为[2,12]，假设随机变异结果为 11，则得到图中的变异结果。

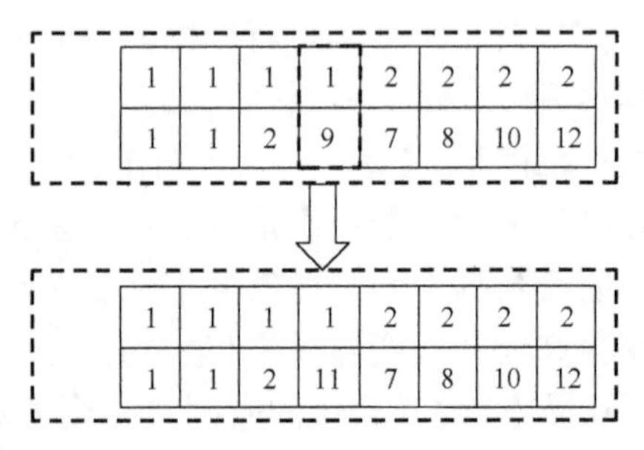

图 3.4　CISA-GA 的变异操作示例（$n_C=2,n_T=12,n_V=6$）

3.3.4　基于改进遗传算法的云实例选择算法

基于上述描述，本章提出了基于改进遗传算法的云实例选择算法 CISA-GA，该算法采取了相邻基因间带约束的二维编码方式，在选择操作中，使用了轮盘赌策略和精英保留策略，在交叉操作中使用了首次适应策略，变异操作通过先确定变异上下界实现的。

首先，在相邻基因间约束的限制下，基于云实例类型集合 T 和用户需求的云实例集合 V 完成种群的初始化，得到初始种群 G_0（第 1 行），在初始化过程中，为了提高种群的多样性，在染色体越靠前的位置，得到小离散值的概率越大。然后，进行 n_g 次迭代，每次迭代过程中均需要完成选择、交叉、变异操作(第 2～6 行)。最后，在最后一次种群 G_{n_g} 中，选择适应度最小的个体作为最终的结果(第 7～9 行)。由于算法 CISA-GA 的迭代次数为 n_g，每次迭代中都需要完成选择、交叉、变异操作，所以时间复杂度为 $O(n_g(n_G n_V + P_c n_G n_V + P_m n_G n_V))$。由于交叉概率和变异概率均小于 1，所以算法 CISA-GA 的时间复杂度可以简写为 $O(n_g n_G n_V)$。

算法 CISA-GA：基于改进遗传算法的云实例选择算法

输入：云实例类型集合 T，用户需求的云实例集合 V，迭代次数 n_g，交叉概率 P_c，变异概率 P_m

输出：实例选择方案 bestIndi

1:　基于 T 、V 和公式(3-25)得到初始种群 G_0

2:　**For** $i=1$ to n_g **do**

3:　　　G_i =**Selection**（G_{i-1}）

4:　　G_i =**Crossover**(G_i , P_c)
5:　　G_i =**Mutation**(G_i , P_m)
6:　**End for**
7:　f =**Fitness**(G_{n_g})
8:　bestIndi =根据 f 获得最优个体
9:　**Return** bestIndi

3.4　实验及其分析

为了更好地评估所提出的方法，本节进行了丰富的实验。首先对实验环境和实验数据进行了描述，然后通过与其他算法进行对比实验，验证了 CISA-GA 的有效性和高效性。

3.4.1　实验设置

本节主要对实验环境、实验数据的获取和预处理过程以及对比算法进行描述。

(1)实验环境。

本章中的实验是在 GNU Linux 操作系统下进行的，系统 CPU 为 3.40 GHz 的 Intel(R) Core(TM) i5-7500，系统内存为 16GB，使用的编程语言为 Python3.6。

(2)实验数据。

本章实验使用的数据来自于 Amazon EC2 下的操作系统为 Linux/UNIX 的按需实例数据，通过使用 Beautiful Soup 库[4]去解析 Amazon EC2 的按需实例类型网页[5]获得，这些实例所在的云数据中心以及实例的类型信息如表 3.1 和表 3.2 所示。

表 3.1　云数据中心信息统计表

编码	所在地区	维度	经度
*C*1	us-west-1	38.8375215	−120.8958242
*C*2	eu-central-1	50.1109221	8.6821267
*C*3	ap-northeast-1	35.6894875	139.6917064
*C*4	ap-south-1	19.0759837	72.8776559
*C*5	sa-east-1	−23.5505199	−46.6333094

表 3.2　云实例类型信息统计表

编码	云实例类型	操作系统	ECU
*T*1	*c*5.large	Linux/UNIX	8
*T*2	*c*5.xlarge	Linux/UNIX	16
*T*3	*c*5.2xlarge	Linux/UNIX	31

续表

编码	云实例类型	操作系统	ECU
*T*4	*c*5.4xlarge	Linux/UNIX	62
*T*5	*c*5.9xlarge	Linux/UNIX	139
*T*6	*c*5.18xlarge	Linux/UNIX	278

在表 3.1 中，云数据中心的经纬度是通过谷歌地图获取的，可能存在一些误差，但是对实验结果并不会有太大的影响。在本章中，为了使用统一的标准，使用的计算能力评价指标是 ECU，该指标是 Amazon EC2 提供的官方指标，当然，可以使用其他指标对其进行替换，比如 SPECint benchmark[6]。

由于延迟、计算能力、价格的单位不统一，为了降低误差，本章统一对其进行归一化处理。同时，在整个实验中，统一设置 $\text{maxPa} = 50\%$。可以发现，在该约束下，如果 $n_V = 1$，则没有合适的解，所以当 $n_V = 1$ 时，不考虑该约束。

(3) 对比算法。

本章使用三种算法用于验证提出的 CISA-GA 的有效性和高效性。由于遍历算法一定可以得到最优解，所以第一个对比算法就是遍历算法 Traversal。同时，遗传算法和粒子群算法也是云计算下资源优化调度问题中最常用的算法，比如工作流调度[7,8]、任务调度[9,10]、云架构下的容器分配问题[11]、云计算中容器的资源优化问题[12]。所以，本章还使用了 GA 和 PSO 作为对比算法。所有的参数设置如表 3.3 所示。对于每一组实验，都是运行多次，然后对结果进行分析得到结论。

表 3.3　参数设置信息表

算法	n_G	n_g	maxPa	n_V
CISA-GA	1000	1000	50%	[1, 20]
Traversal	1000	1000	50%	[1, 20]
GA	1000	1000	50%	[1, 20]
PSO	1000	1000	50%	[1, 20]

3.4.2　实验结果及分析

在本节中，通过进行大量的实验验证了提出算法的有效性和收敛性。在所有的实验结果中，Traversal 只能完成当 $n_V \leqslant 5$ 时的实验，这是因为当 n_V 变大时，问题的搜索空间将会越来越庞大，实验环境无法完成问题的求解任务。

(1) 有效性分析。

为了更好地验证提出的 CISA-GA 的有效性，将不同算法最终的收敛结果进行统计，分别获取该结果中出现的最大 f 值和最小 f 值，同时，为了更加清晰地展示，将算法得到的 f 值进行归一化，将其缩放至 0～1。

图3.5是在不同n_V下算法的最大f值的对比情况。可以发现，当n_V的值非常小时（$n_V < 3$），所有算法都能达到同样小的f值，但是随着n_V变大，一些算法开始变得不稳定，特别是PSO。PSO的f值在所有的算法中是最高的，本章提出的CISA-GA始终可以保持在最低的f值，GA的结果处于前两者的中间位置。

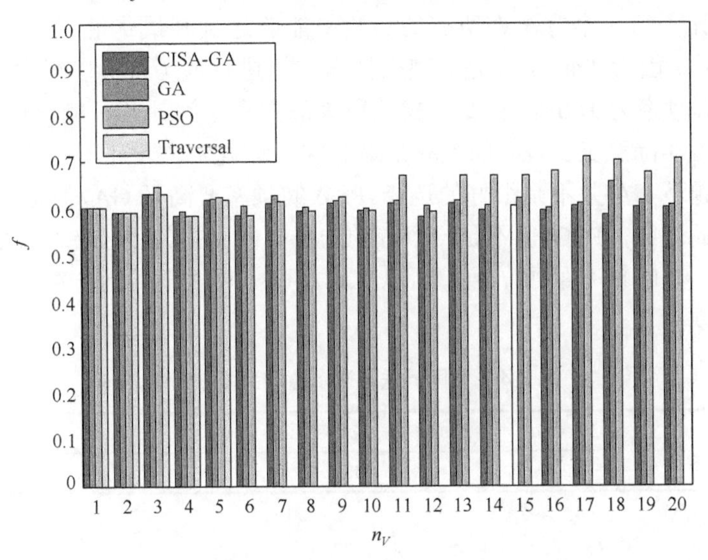

图3.5　不同n_V下各种算法收敛时的最大f值统计情况

图3.6是不同n_V下算法的最小f值的对比情况。可以发现，在多数情况下，所有算法基本能达到相同的最小结果。但是，从整体来讲，PSO的有效性显然不如其

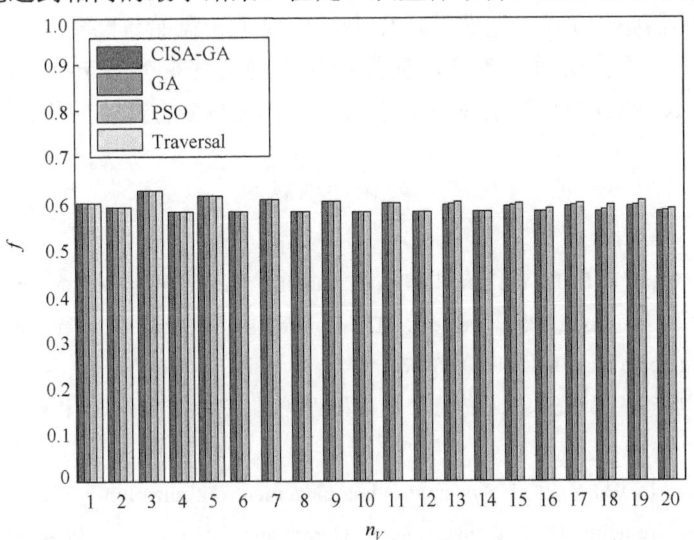

图3.6　不同n_V下各种算法收敛时的最小f值统计情况

他算法，而 GA 的结果好于 PSO，因为所有的实验中，GA 的最小 f 值都不超过 PSO 的结果，但是在一些情况下，GA 的结果并不如本章提出的 CISA-GA，CISA-GA 达到的最小 f 值始终是所有算法中最小的，所以 CISA-GA 是表现最好的算法。

(2)稳定性分析。

本节统计了每一个算法在所有的实验中能够达到其最优解(最小 f 值)的频率，如表 3.4 所示。因为 Traversal 是对整个搜索空间进行遍历，所以每次实验都能够达到最优解，其频率为 100%，但是考虑到巨大的搜索空间使其只能处理小 n_V 的情况，所以并不具备实际意义。GA 的频率是最低的，这说明 GA 的稳定性是最差的，说明了在该问题下 GA 并不是很好的选择。PSO 的频率要高于 GA，但是距离 CISA-GA 还是有很大的差距，PSO 也不是一个好的选择。本章提出的 CISA-GA 具有非常高的收敛频率，同时拥有最小 f 值，所以 CISA-GA 可以很好地解决多云环境下的云实例选择问题。

表 3.4　不同算法达到 f 值的频率统计表

算法	CISA-GA	GA	PSO	Traversal
频率/%	82.5	32	35.5	100

3.5 本章小结

在本章中，主要对多云环境下的云实例选择问题进行研究，设计了基于改进遗传算法的云实例选择模型 CISA-GA 用于该问题的求解。CISA-GA 采取了相邻基因间带约束的二维编码方式，在选择操作中，使用了轮盘赌策略和精英保留策略，在交叉操作中使用了首次适应策略，变异操作是通过先确定变异上下界实现的。与 Traversal、GA、PSO 算法进行对比，验证了 CISA-GA 的有效性和稳定性。

参考文献

[1] Dong J K, Wang H B, Li Y Y, et al. Virtual machine placement optimizing to improve network performance in cloud data centers. The Journal of China Universities of Posts and Telecommunications, 2014, 21(3): 62-70.

[2] 余有明，刘玉树，阎光伟. 遗传算法的编码理论与应用. 计算机工程与应用，2006, (3): 90-93.

[3] Su M, Zhang L, Wu Y, et al. Systematic data placement optimization in multi-cloud storage for complex requirements. IEEE Transactions on Computers, 2016, 65(6): 1964-1977.

[4] Beautiful Soup. https://www.crummy.com/software/BeautifulSoup, 2018.

[5] Amazon EC2 On-Demand Instances. https://aws.amazon.com/ec2/pricing/on-demand, 2018.

[6] SPEC CPU Benchmark Suites. http://www.spec.org/cpu, 2018.

[7] Thant P T, Powell C, Schlueter M, et al. A level-wise load balanced scientific workflow execution optimization using NSGA-II//The 17th IEEE/ACM International Symposium on Cluster, Cloud and Grid Computing, Madrid, 2017.

[8] Sofia A S, Ganesh P. Multi-objective task scheduling to minimize energy consumption and makespan of cloud computing using NSGAII. Journal of Network and Systems Management, 2018, 26(2): 463-485.

[9] Ananth A, Chandrasekaran K. Cooperative game theoretic approach for job scheduling in cloud computing//The 2015 International Conference on Computing and Network Communications, Trivandrum, 2015.

[10] Guerrero C, Lera I, Juiz C. Genetic algorithm for multi-objective optimization of container allocation in cloud architecture. Journal of Grid Computing, 2018, 16(1): 113-135.

[11] Guerrero C, Lera I, Juiz C. Resource optimization of container orchestration: a case study in multi-cloud microservices-based applications. The Journal of Supercomputing, 2018,74(2018): 1-28.

[12] AWS Command Line Interface Documentation. https://aws.amazon.com/documentation/cli, 2018.

第4章　基于k近邻回归算法的云实例价格预测与选择方法

4.1　引　　言

Amazon为了应对云实例的需求高峰期，会额外部署大量冗余的云实例，但是在非高峰期，很多云实例处于空闲状态，造成资源的极大浪费，为了应对该现象，提出了竞价实例类型。竞价实例的价格要远低于按需实例和预留实例，所以选择竞价实例可以在很大程度上降低用户的成本，促进用户的购买使用，提高资源利用率。但是与按需实例和预留实例稳定的价格相比，竞价实例的价格波动显得非常剧烈。在购买竞价实例时，过高或者过低的出价都是不合理的，过高的出价会带来金钱的浪费，过低的出价又会导致实例的不可用问题，所以用户在选择竞价实例时需要提前对其历史价格进行分析研究，然后预测未来的价格情况才能更好地对云实例进行选择。所以竞价实例的云实例选择问题的核心是竞价实例的价格预测，只有做好了价格预测工作才能使得用户在选择云实例时更加方便和科学。

本章对竞价实例的云实例选择问题进行分析。由于获取到的价格数据是时序数据，波动剧烈且变动时间间隔不确定，所以本章提出了重采样和滑动窗口的数据预处理策略，用于竞价实例历史价格数据的预处理工作，目的是得到机器学习算法可以使用的数据。同时，考虑到MAPE (Mean Absolute Percentage Error)评价指标可能存在的问题，设计了新的指标用于该问题的效果评价，并据此选择了效果最好的k近邻回归算法作为最终的价格预测算法，并且通过实验对模型中的超参数进行优化。最终通过设置两个场景下的实验验证了整个预测流程的有效性。

4.2　问 题 定 义

为了更好地对竞价实例选择问题进行描述，本章给出如下的数学定义，与此同时，给出图4.1作为使用滑动窗口进行数据切分的示例，方便对数学定义进行阐述，也可以清晰地展示滑动窗口切分数据的过程。

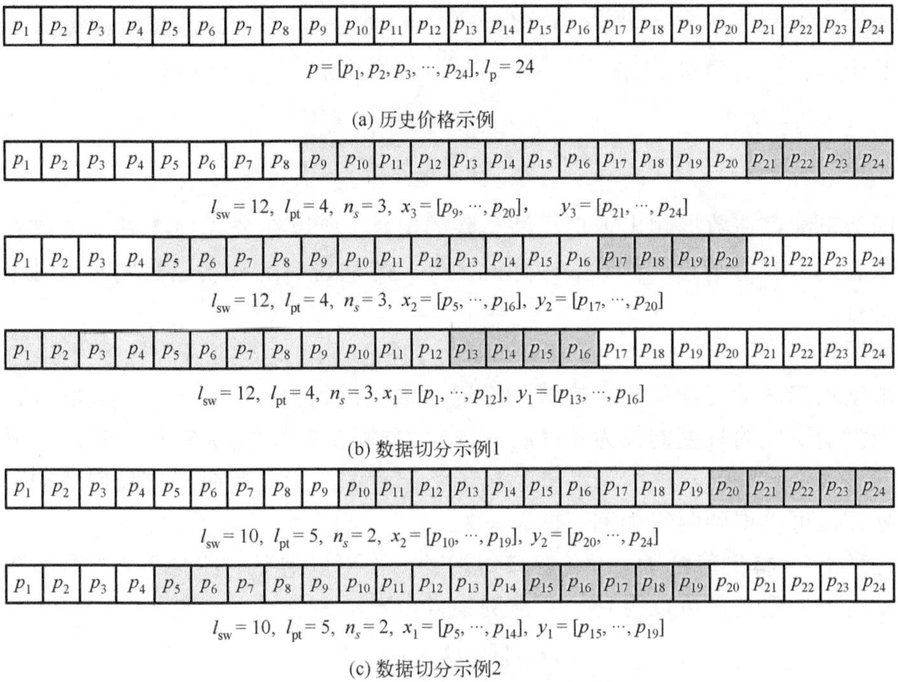

p_1	p_2	p_3	p_4	p_5	p_6	p_7	p_8	p_9	p_{10}	p_{11}	p_{12}	p_{13}	p_{14}	p_{15}	p_{16}	p_{17}	p_{18}	p_{19}	p_{20}	p_{21}	p_{22}	p_{23}	p_{24}

$p=[p_1, p_2, p_3, \cdots, p_{24}]$, $l_{\mathrm{p}}=24$

(a) 历史价格示例

p_1	p_2	p_3	p_4	p_5	p_6	p_7	p_8	p_9	p_{10}	p_{11}	p_{12}	p_{13}	p_{14}	p_{15}	p_{16}	p_{17}	p_{18}	p_{19}	p_{20}	p_{21}	p_{22}	p_{23}	p_{24}

$l_{\mathrm{sw}}=12$, $l_{\mathrm{pt}}=4$, $n_s=3$, $x_3=[p_9, \cdots, p_{20}]$, $y_3=[p_{21}, \cdots, p_{24}]$

p_1	p_2	p_3	p_4	p_5	p_6	p_7	p_8	p_9	p_{10}	p_{11}	p_{12}	p_{13}	p_{14}	p_{15}	p_{16}	p_{17}	p_{18}	p_{19}	p_{20}	p_{21}	p_{22}	p_{23}	p_{24}

$l_{\mathrm{sw}}=12$, $l_{\mathrm{pt}}=4$, $n_s=3$, $x_2=[p_5, \cdots, p_{16}]$, $y_2=[p_{17}, \cdots, p_{20}]$

p_1	p_2	p_3	p_4	p_5	p_6	p_7	p_8	p_9	p_{10}	p_{11}	p_{12}	p_{13}	p_{14}	p_{15}	p_{16}	p_{17}	p_{18}	p_{19}	p_{20}	p_{21}	p_{22}	p_{23}	p_{24}

$l_{\mathrm{sw}}=12$, $l_{\mathrm{pt}}=4$, $n_s=3$, $x_1=[p_1, \cdots, p_{12}]$, $y_1=[p_{13}, \cdots, p_{16}]$

(b) 数据切分示例1

p_1	p_2	p_3	p_4	p_5	p_6	p_7	p_8	p_9	p_{10}	p_{11}	p_{12}	p_{13}	p_{14}	p_{15}	p_{16}	p_{17}	p_{18}	p_{19}	p_{20}	p_{21}	p_{22}	p_{23}	p_{24}

$l_{\mathrm{sw}}=10$, $l_{\mathrm{pt}}=5$, $n_s=2$, $x_2=[p_{10}, \cdots, p_{19}]$, $y_2=[p_{20}, \cdots, p_{24}]$

p_1	p_2	p_3	p_4	p_5	p_6	p_7	p_8	p_9	p_{10}	p_{11}	p_{12}	p_{13}	p_{14}	p_{15}	p_{16}	p_{17}	p_{18}	p_{19}	p_{20}	p_{21}	p_{22}	p_{23}	p_{24}

$l_{\mathrm{sw}}=10$, $l_{\mathrm{pt}}=5$, $n_s=2$, $x_1=[p_5, \cdots, p_{14}]$, $y_1=[p_{15}, \cdots, p_{19}]$

(c) 数据切分示例2

图 4.1　使用滑动窗口切分数据的示例

定义 4.1　历史价格 $\boldsymbol{p}$。对于竞价实例类型 s，使用 $\boldsymbol{p}$ 表示其历史价格向量

$$\boldsymbol{p}=\{p_1, p_2, \cdots, p_{l_p}\} \tag{4-1}$$

$$|\boldsymbol{p}|=l_p \tag{4-2}$$

其中，l_p 是历史价格 $\boldsymbol{p}$ 的长度。

图 4.1(a)中的历史价格采样时间是 1 天(24 小时)，时间间隔为 1 小时，在该情况下，历史价格数据可以表示为 $\boldsymbol{p}=\{p_1, p_2, \cdots, p_{24}\}$，其中，$l_p=24$。

定义 4.2　滑动窗口长度 l_{sw}。由于使用了滑动窗口的方式对实例的历史价格数据进行切分，所以使用 l_{sw} 表示滑动窗口的长度。

图 4.1(b)中滑动窗口的长度为 12，即 $l_{\mathrm{sw}}=12$，图 4.1(c)中滑动窗口的长度为 10，即 $l_{\mathrm{sw}}=10$。

定义 4.3　预测时间窗口长度 l_{pt}。为了表示需要预测的时间，同样使用一个窗口，称为预测时间窗口，其长度表示为 l_{pt}。同时，因为不同样例的 $\boldsymbol{y}$ 不应该有重合部分，所以滑动窗口每次滑动的长度也为 l_{pt}。

图 4.1(b)中预测时间窗口的长度为 4，即 $l_{\mathrm{pt}}=4$，图 4.1(c)中预测时间窗口的长度为 5，即 $l_{\mathrm{pt}}=5$。

定义 4.4　样例个数 n_s。通过使用长度为 l_{sw} 的滑动窗口和预测长度为 l_{pt} 的预测

时间窗口对长度为 l_p 的时序序列进行数据切分处理之后，可以得到总数为 n_s 个样例，其中，n_s 的计算公式如下

$$n_s = \left\lfloor \frac{l_p - l_{\text{sw}}}{l_{\text{pt}}} \right\rfloor \tag{4-3}$$

因为可能存在数据超出窗口无法整除的现象，所以在公式(4-3)中，通过对结果向下取整的方式得到总的样例数，除此之外，滑动窗口的移动也需要沿着时序数据反向进行。

如图 4.1(b)所示，当滑动窗口的长度为 12($l_{\text{sw}}=12$)、预测窗口长度为 4($l_{\text{pt}}=4$)时，滑动窗口滑动三次便可以完成整个时序数据的切分，即 $n_s=3$。如图 4.1(c)所示，当滑动窗口的长度同样为 12($l_{\text{sw}}=12$)，预测窗口长度为 5($l_{\text{pt}}=5$)时，滑动窗口仅能完成两次滑动，继续滑动便超出了数据范围，所以此时通过反向滑动对数据进行处理，可以得到两组样例，即 $n_s=2$。

定义 4.5　样例集合 *D*。滑动窗口每滑动一次可以得到一组样例，当时序数据经过滑动窗口处理之后可以得到一个样例集合，表示为

$$D = \{D_1, D_2, \cdots, D_{n_s}\} \tag{4-4}$$

其中，$D_i = (\boldsymbol{x}_i, \boldsymbol{y}_i)$ 表示滑动窗口滑动第 $n_s - i + 1$ 次切分出的样例，$\boldsymbol{x}_i$ 表示滑动窗口中的向量，$\boldsymbol{y}_i$ 表示预测窗口中的向量，具体如下

$$\boldsymbol{x}_i = [p_{l_p} - (n_s - i + 1)l_{\text{pt}} - l_{\text{sw}} + 1, \cdots, p_{l_p} - (n_s - i + 1)l_{\text{pt}}] \tag{4-5}$$

$$\boldsymbol{y}_i = [p_{l_p} - (n_s - i + 1)l_{\text{pt}} + 1, \cdots, p_{l_p} - (n_s - i)l_{\text{pt}}] \tag{4-6}$$

在图 4.1(b)中，样例集合 $D = \{(\boldsymbol{x}_1, \boldsymbol{y}_1), (\boldsymbol{x}_2, \boldsymbol{y}_2), (\boldsymbol{x}_3, \boldsymbol{y}_3)\}$，图 4.1(c)中，样例集合 $D = \{(\boldsymbol{x}_1, \boldsymbol{y}_1), (\boldsymbol{x}_2, \boldsymbol{y}_2)\}$。

由于本章研究的重点是竞价实例的价格预测问题，所以可以理解为寻找一个合适的映射 f，使得对于某一个 $\boldsymbol{x}_i$ 可以得到对应的 $\boldsymbol{y}_i$，换句话说，该映射需要满足如下公式

$$\boldsymbol{y}_i \approx f(\boldsymbol{x}_i), \quad 1 \leqslant i \leqslant n_s \tag{4-7}$$

在解决了竞价实例的价格预测问题之后，用户可以根据预测结果了解到未来竞价实例的变化情况，针对自身需要选择合适的购买时段使用竞价实例，避免在高价格的时间段购买竞价实例，从而降低成本、节省开销。另外，用户的出价也可以根据未来价格的变动情况进行决策，可以选择将要购买时间段内预测的最高价格作为自己的出价，避免出价过高带来的高开销风险或出价过低带来的不可用问题，最大程度地降低成本并保障竞价实例的可用性。

4.3 算法描述

为了解决竞价实例的价格预测问题，本章通过构建 k 近邻 kNN(k-Nearest Neighbors)回归算法实现针对输入 $\boldsymbol{x}$ 预测其价格 $\boldsymbol{y}$。下面将详细对 kNN 回归算法进行分析。

4.3.1 距离度量

对于一个新的输入 $\boldsymbol{x}$，KNN 回归算法可以从训练数据中找到 k 个最近的样本点，通过对这 k 个最近点的标签求平均值，可以得到新输入 $\boldsymbol{x}$ 的预测值 $\hat{\boldsymbol{y}}$。所以在整个竞价实例选择问题中，需要首先定义距离度量标准。

对于新输入 $\boldsymbol{x}$ 和训练数据集中的一个样本 $\boldsymbol{x}_i(1 \leqslant i \leqslant n_s)$，本章中选择欧氏距离作为度量标准

$$\operatorname{dist}(\boldsymbol{x}_i, \boldsymbol{x}) = \sqrt{\sum_{j=1}^{l_{\mathrm{sw}}} (x_i^j - x^j)^2}, \quad 1 \leqslant i \leqslant n_s \tag{4-8}$$

4.3.2 k-d 树的构建

KNN 没有显式的学习过程，在预测阶段需要计算新输入样本 $\boldsymbol{x}$ 到训练数据集中每个样本 $\boldsymbol{x}_i(1 \leqslant i \leqslant n_s)$ 之间的距离，为了提高该过程的计算效率，本章通过构建 k-d 树对训练集中的样本进行存储。

在 kNN 算法中，k-d 树的构建过程可以理解为算法的训练过程。k-d 树是通过对 k 维空间进行空间切分，将所有的样本点组织起来的一种数据结构。首先选择方差最大的维度 axis（第 4 行），然后在维度 axis 上寻找数据集 D 中的中间样例 $\bar{D}$ 作为当前节点(第 5 和 7 行)，同时计算剩余的样例集合 D'（第 6 行）。然后继续针对 D' 进行空间划分(第 9～12 行)，直到变成空集(第 1～3 行)。最后，便可以得到构建出来的 k-d 树(第 13 行)。在该算法中，k-d 树是通过递归的方式构建的，递归的时间复杂度为 $O(\log n_s)$。因为在每次递归执行中，需要计算方差最大的维度，这个过程的时间复杂度为 $O(l_{\mathrm{sw}} n_s)$。因此，算法 BuildKDTree 整体的时间复杂度为 $O(l_{\mathrm{sw}} n_s \log n_s)$。

算法 BuildKDTree：构建 k-d 树

输入：数据集 D

输出：k-d 树 kdTree

1：　**If** $D == \varnothing$ **then**

2：　　　**Return** NULL

3: **End if**

4: axis =方差最大的维度

5: $\bar{D}$ =在维度 axis 上的中间样例 D

6: $D' = D - \bar{D}$

7: node.data = $\bar{D}$

8: node.split = axis

9: $D_l = \{D_l \mid D_l \in D' \text{ and } D_l[\text{axis}] \leqslant \bar{D}[\text{axis}]\}$

10: $D_r = \{D_r \mid D_r \in D' \text{ and } D_r[\text{axis}] > \bar{D}[\text{axis}]\}$

11: node.lChild = BuildKDTree(D_l)

12: node.rChild = BuildKDTree(D_r)

13: **Return** node

4.3.3 k-d 树的搜索

在完成了 k-d 树的构建之后，便需要针对新输入样本 $\boldsymbol{x}$ 计算其在训练数据集中的 k 个最近的邻居节点。本节将针对如何在 k-d 树上寻找 k 近邻的方式进行描述。

通过算法 Search 可以得到新输入 $\boldsymbol{x}$ 的 k 个最近的节点。首先，从训练数据集 D 中选择 k 个候选的样本点(第 2～4 行)。在最近的样本点的集合中，挑选出距离 $\boldsymbol{x}$ 最远的样本点 maxDN (第 5 行)，如果该样本点到 $\boldsymbol{x}$ 的距离大于当前节点 node 到 $\boldsymbol{x}$ 的距离，则使用样本点 node 替换掉 maxDN (第 6～9 行)。与此同时，需要对样本点 $\boldsymbol{x}$ 在维度 axis 上的值进行考虑，如果小于等于样本点 node，需要对 node 的左子树继续搜索(第 13～16 行)。在这种情况下，如果在 axis 维度上，$\boldsymbol{x}$ 和 node 之间的距离小于当前 k 近邻集合中所有样本点到 $\boldsymbol{x}$ 最远的距离，需要对 node 的右子树进行搜索更新 k 近邻集合(第 17～21 行)。类似地，如果在维度 axis 上，样本点 $\boldsymbol{x}$ 的值大于样本点 node，需要对 node 的右子树继续搜索(第 22～25 行)。在该情况下，如果在 axis 维度上，$\boldsymbol{x}$ 和 node 之间的距离小于当前 k 近邻集合中所有样本点到 $\boldsymbol{x}$ 最远的距离，需要对 node 的左子树进行搜索更新 k 近邻集合(第 26～30 行)。最后，算法 Search 将会把 k 近邻样本点的集合返回(第 32 行)。该算法需要得到 k 近邻样本点集合中距离 $\boldsymbol{x}$ 最远的样本点，该过程的时间复杂度为 $O(kl_{\text{sw}})$。在最坏情况下，算法需要遍历训练集中所有的样本点，该过程的时间复杂度为 $O(n_s)$，所以算法 Search 的整体时间复杂度为 $O(kl_{\text{sw}}n_s)$。

算法 Search：搜索 k-d 树

输入：k-d 树 kdTree，新输入样本 x，最近的邻居节点数 k，最近的邻居节点集合 nearstNodes = $\varnothing$

输出：最近的邻居节点集合 nearstNodes

```
1:   node = kdTree
2:  If nearestNodes.size < k then
3:       nearestNodes.add(node)
4:   End if
5:   maxDN =在 nearestNodes 集合中挑选出距离 x 最远的样本点
6:  If Dis(maxDN, x) > Dis(node, x) then
7:       nearestNodes.delete(maxDN)
8:       nearestNodes.add(node)
9:  End if
10:  axis = node.split
11:  value = x[axis]
12:  median = node[axis]
13: If value ≤ median then
14:      If node.lChild != NULL then
15:           Search(node.lChild, x, nearestNodes)
16:      End if
17:      If node.rChild != NULL then
18:           If (median – value) ≤ maxDist(nearestNodes, x) then
19:                Search(node.rChild, x, nearestNodes)
20:           End if
21:      End if
22: Else
23:      If node.rChild != NULL then
24:           Search(node.rChild, x, nearestNodes)
25:      End if
26:      If node.lChild != NULL then
27:           If (median – value) ≤ maxDist(nearestNodes, x) then
28:                Search(node.lChild, x, nearestNodes)
29:           End if
30:      End if
31: End if
32: Return nearstNodes
```

4.3.4　基于 kNN 的竞价实例价格预测

上述实现的 k-d 树的构建和搜索过程实际上可以认为是算法 kNN 的训练和预测

两个阶段，基于此，可以得到完整的基于 kNN 的竞价实例价格预测。

该算法目标是实现基于 kNN 的竞价实例价格预测。首先，根据训练数据集 D 构建一棵 k-d 树(第 1 行)。然后，通过算法 Search 找到新样本点 $\boldsymbol{x}$ 的 k 个最近邻(第 2 行)。最后，通过求平均的方式得到 $\boldsymbol{x}$ 对应的价格 $\hat{\boldsymbol{y}}$(第 3 行)，并将该结果返回(第 4 行)。由于第 1 行的时间复杂度为 $O(l_{\mathrm{sw}} n_s \log n_s)$，第 2 行的时间复杂度为 $O(kl_{\mathrm{sw}} n_s)$，第 3 行的时间复杂度为 $O(k)$，所以整体的时间复杂度为 $O(l_{\mathrm{sw}} n_s \log n_s)$。

算法 kNN

输入：训练数据集 D，新输入样本 $\boldsymbol{x}$，最近的邻居节点数 k

输出：$\hat{\boldsymbol{y}}$：$\boldsymbol{x}$ 的预测

1：　kdTree = BuildKDTree(D)

2：　nearestNodes = Search(kdTree, $\boldsymbol{x}$, k)

3：　$\hat{\boldsymbol{y}}$ = average(nearestNodes.$\boldsymbol{y}$)

4：　**Return** $\hat{\boldsymbol{y}}$

4.4 实验及其分析

为了更好地评估所提出的方法，本节进行了丰富的实验。首先对实验设置进行了描述，然后通过与其他算法进行对比实验，验证了基于 k 近邻回归算法的竞价实例价格预测模型的有效性。

4.4.1 实验设置

本节主要对实验环境、实验数据的获取方式和预处理过程以及对比算法和评价指标进行描述。

(1)实验环境。

本章中的实验是在 GNU Linux 操作系统下进行的，系统 CPU 为 3.40 GHz 的 Intel(R) Core(TM) i5-7500，系统内存为 16GB，使用的编程语言为 Python3.6。

(2)实验数据。

本章实验使用的竞价实例的价格数据来自于 Amazon EC2。Amazon 提供了 SDK 帮助用户从网络上获取竞价实例的价格数据。本章采用 AWS CLI[1]访问 Amazon EC2，获取了从 2017 年 9 月 1 日到 2017 年 11 月 27 日共 88 天的竞价实例历史价格。具体包括 4 个地区，每个地区下各有 9 种云实例类型，详细信息如表 4.1 和表 4.2 所示。

表 4.1　不同地区的缩写示意表

编码	地区	所在位置
*R*1	us-east-2a	美国东部(俄亥俄州)
*R*2	ap-northeast-2a	亚太地区(首尔)
*R*3	ap-south-1a	亚太地区(孟买)
*R*4	ca-central-1a	加拿大(中部)

表 4.2　不同云实例类型的缩写示意表

编码	云实例类型	vCPU	内存/GB	带宽
*I*1	*c*4.large	2	3.75	500Mbit/s
*I*2	*c*4.xlarge	4	7.5	750Mbit/s
*I*3	*c*4.2xlarge	8	15	1000Mbit/s
*I*4	*m*4.large	2	8	450Mbit/s
*I*5	*m*4.xlarge	4	16	750Mbit/s
*I*6	*m*4.2xlarge	8	32	1000Mbit/s
*I*7	*r*4.large	2	15.25	10Gbit/s
*I*8	*r*4.xlarge	4	30.5	10Gbit/s
*I*9	*r*4.2xlarge	8	61	10Gbit/s

(3)数据预处理。

考虑到价格变动的时间间隔是不确定的，所以首先通过重采样的方式对价格数据进行处理。由于用户在购买竞价实例时，考虑当前时间下的真实价格应该小于等于用户给出的可接受价格才可以获得该实例的使用权，所以在进行重采样时，对于每个时间段内的价格，选择其中的最大值作为当前重采样的结果。以采样间隔等于1小时为例，在经过重采样之后，对于一个地区下的一种云实例类型，可以得到长度为 2112(24×88(天))的时间序列数据，所有的云实例类型一共可以得到 76032 个价格(2112×4(地区)×9(实例类型))。在本章中，以 80%的数据作为训练集，20%的数据作为测试集。

(4)对比算法。

本章使用五种算法用于验证 kNN 的有效性和高效性，分别是线性回归(Linear Regression，LR)[2]、支持向量机回归(Support Vector Machine Regression，SVR)、随机森林(Random Forest，RF)[3]、多层感知机回归(Multi-layer Perception Regression，MLPR)[4]和 gcForest[5]。

(5)评价指标。

平均绝对百分比误差(Mean Absolute Percentage Error，MAPE)是时间序列预测问题下的一种常用的评价指标，它可以根据模型的预测值与真实值衡量模型的性能，

其定义如下

$$\text{MAPE} = \frac{1}{n}\sum_{i=1}^{n}\text{APE}_\text{i} \tag{4-9}$$

其中，n是测试集中样例的总数，APE是绝对百分比误差，其定义如下

$$\text{APE} = \frac{1}{l_{\text{pt}}}\sum_{i=1}^{l_{\text{pt}}}\frac{\left|y_i - \widehat{y_i}\right|}{y_i}\times 100\% \tag{4-10}$$

但是MAPE指标用于竞价实例选择问题中是有一定问题的，比如，对一个良好的模型，其整体的预测效果都比较好，但是某些样例下的预测效果特别差时，MAPE的值将非常高，这表明模型的效果并不好，与实际情况可能会有出入，所以本章并没有直接使用MAPE作为评价指标，而是设计了$\text{MAPE}_{m\%}$作为评价指标。$\text{MAPE}_{m\%}$的含义是在所有测试集中，APE小于等于$m\%$样例的占比

$$\text{MAPE}_{m\%} = \frac{1}{n}\sum_{i=1}^{n}\boldsymbol{I}(\text{APE}_i - m\%),\quad \boldsymbol{I}(x) = \begin{cases}1, & x \leqslant 0\\ 0, & x > 0\end{cases} \tag{4-11}$$

4.4.2 实验结果及分析

将个人或者企业的服务从本地部署迁移至云计算环境中可以减少诸如硬件购买开销、设备制冷成本、硬件维护开销等。但是不同服务的运行时长是不相同的，比如部署一套爬虫系统，运行时间可能从几小时到若干天不等，又比如视频渲染工作，不同长度的视频所需要的时间也是不同的，短视频可能需要几个小时的时间，而长视频可能需要若干天的时间。当用户考虑将其服务迁移至云平台时，需要提前对其服务的运行时长进行估计，这将有助于提出更为合适的出价方案，提高竞价实例选择成功的概率。因此，在本章中，分两种情况对竞价实例选择问题进行实验分析，分别是按天预测、按周预测。

(1)按天预测。

①参数设置。

为了最大化提出模型的有效性，需要对kNN中的k和数据预处理时滑动窗口长度l_{sw}的取值进行调节。分别针对不同k和l_{sw}的取值进行实验，通过网格搜索的方式进行超参数调节。实验结果如图4.2所示。

可以看出，当$k = 1$时算法的表现最好。随着k的增加，算法的表现逐渐变差，主要由于距离新输入样本$\boldsymbol{x}$越远的样本与$\boldsymbol{x}$的相似性越差，当k变大时，算法的结果将受到这些远距离样本的影响，最终导致结果变差。所以最终选择$k = 1$。另外，越高的k值表明模型越简单，算法具有更高的偏差，整体的泛化能力不足。

随着滑动窗口的长度增加，模型的特征数量持续增加，整体模型的复杂度也在

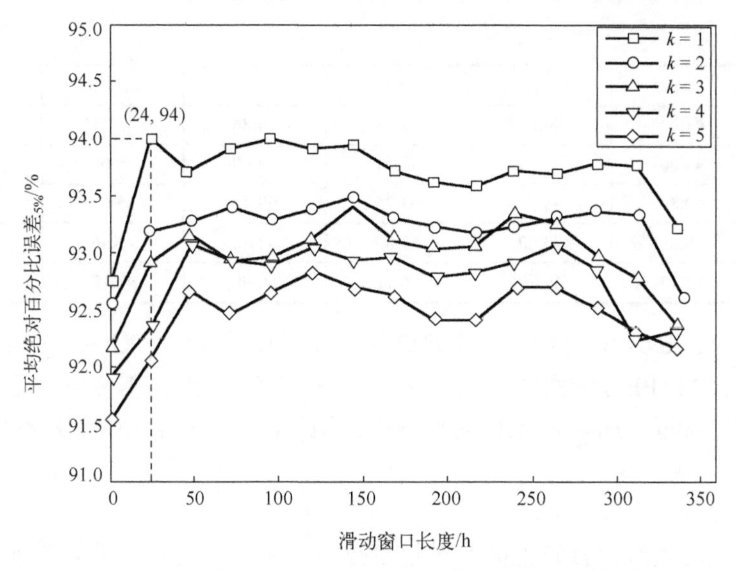

图 4.2　按天预测场景下不同 k 和 l_{sw} 取值下 kNN 的结果对比图

上升，但是当特征数量过高时，模型出现高方差问题，整体的过拟合问题开始加剧，所以当滑动窗口的长度过大时，算法的效果呈现下降的趋势。通过实验可以看出，当滑动窗口的长度等于待预测的时间序列长度时，模型的效果最好，所以最后选择滑动窗口的长度等于 24。

②实验结果。

基于上述的超参数，针对按天预测情况对多种算法进行对比，结果如表 4.3 和表 4.4 所示。

表 4.3　按天预测场景下各种算法在不同地区上的结果对比

编码	kNN	LR	SVR	RF	MLPR	gcForest
*R*1	**99.91**	94.91	88.89	99.60	44.01	97.62
*R*2	**97.59**	81.91	71.45	88.15	45.59	88.52
*R*3	**80.93**	41.05	48.30	63.77	22.01	59.48
*R*4	**97.59**	79.72	85.71	90.93	37.16	89.81

表 4.4　按天预测场景下各种算法在不同云实例类型上的结果对比

编码	kNN	LR	SVR	RF	MLPR	gcForest
*I*1	**94.58**	55.76	43.89	73.12	22.08	63.68
*I*2	**85.62**	56.60	56.46	61.25	27.22	63.19
*I*3	**93.26**	76.18	72.85	87.22	43.61	84.31
*I*4	**99.86**	89.38	94.65	97.29	36.32	94.93

续表

编码	kNN	LR	SVR	RF	MLPR	gcForest
*I*5	**94.93**	80.35	91.25	94.86	35.21	93.19
*I*6	**93.06**	75.76	89.44	92.99	45.00	89.58
*I*7	**99.86**	95.76	93.75	99.44	35.69	98.19
*I*8	**90.69**	70.00	63.89	83.40	41.46	88.61
*I*9	**94.17**	69.79	56.11	80.90	48.12	79.03

可以看出，kNN 具有最好的实验结果。在对比算法中，RF 和 gcForest 是最好的对比算法，$MAPE_{5\%}$ 分别能达到 85.61%和 83.86%，但是 kNN 可以达到 94.00%，比前两者提升接近 10%。而 MLPR 和 SVR 的结果在对比算法中都是不理想的。

(2) 按周预测。

①参数设置。

与按天预测类似，首先也需要对超参数进行调节，实验结果如图 4.3 所示。最好情况下，$k=1$，滑动窗口的大小为 168。

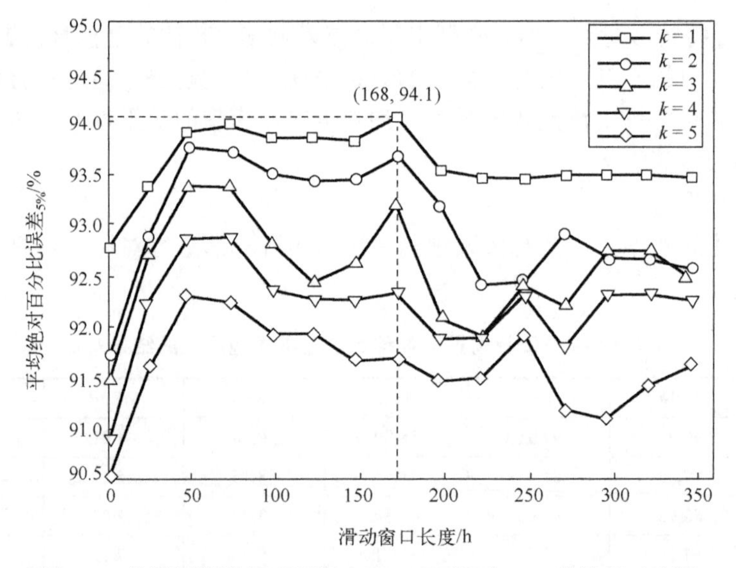

图 4.3　按周预测场景下不同 k 和 l_{sw} 取值下 kNN 的结果对比图

②实验结果。

基于上述的超参数，针对按周预测情况对多种算法进行对比，结果如表 4.5 和表 4.6 所示。

可以看出，除了实例 I7，kNN 具有最好的实验结果。针对实例 I7，表现最好的算法是 RF，结果为 99.93%，比 kNN 的 99.78%高出 0.15%。但是当使用指标 $MAPE_{10\%}$ 时，kNN 和 RF 的结果都能达到 100%。所以整体来说，kNN 还是表现最优秀的算法，RF 和 gcForest 是对比算法中表现最好的，$\text{MAPE}_{5\%}$ 分别能达到 86.50%和 89.80%。综合来讲，kNN 可以达到 94.06%，有 6%的提升。

表 4.5　按周预测场景下各种算法在不同地区上的结果对比

编码	kNN	LR	SVR	RF	MLPR	gcForest
*R*1	**99.83**	99.77	95.27	99.40	40.05	96.92
*R*2	**97.45**	89.58	86.51	93.55	40.34	92.59
*R*3	**80.95**	43.19	68.52	72.26	13.56	73.51
*R*4	**98.02**	76.03	95.70	96.03	26.72	96.16

表 4.6　按周预测场景下各种算法在不同云实例类型上的结果对比

编码	kNN	LR	SVR	RF	MLPR	gcForest
*I*1	**95.31**	58.26	72.25	85.42	13.17	78.87
*I*2	**84.60**	51.79	71.88	72.40	17.63	76.56
*I*3	**93.53**	80.51	87.43	89.36	31.47	89.73
*I*4	**99.93**	99.18	**99.93**	**99.93**	27.23	**99.93**
*I*5	**95.01**	80.13	94.57	94.79	37.28	94.79
*I*6	**93.45**	60.34	92.71	93.23	33.33	93.15
*I*7	99.78	99.33	98.96	**99.93**	22.77	99.26
*I*8	**91.15**	79.17	81.25	88.76	37.13	86.61
*I*9	**93.82**	85.57	79.54	88.99	51.49	89.29

4.5　本 章 小 结

在本章中，主要对竞价实例的价格预测与选择问题进行研究，由于该问题的核心是竞价实例的价格预测，所以设计了基于 k 近邻回归算法的竞价实例价格预测方法用于预测竞价实例的未来价格。由于 Amazon 竞价实例的价格波动非常剧烈并且波动间隔不确定，所以首先通过重采样将波动间隔确定化，然后使用滑动窗口的方式对数据进行切分，生成机器学习算法可以使用的数据集。并且针对 MAPE 指标可能存在的问题设计了 $\text{MAPE}_{m\%}$ 指标用于竞价实例价格预测问题的结果评价。通过与多种算法进行对比，验证了基于 k 近邻回归算法的云实例选择模型的有效性。用户可以根据预测的未来竞价实例价格，选择合适的时间购买竞价实例，避免高价格时段带来的高成本开销，同时可以给出更加合理的出价，避免高出价带来的额外开销问题或低出价带来的不可用问题。

参 考 文 献

[1] AWS. AWS Command Line Interface Documentation. https://aws.amazon.com/documentation/cli, 2018.

[2] Mishra A K, Yadav D K. Analysis and prediction of amazon EC2 spot instance prices. International Journal of Applied Engineering Research, 2017, 12: 11205-11212.

[3] Khandelwal V, Chaturvedi A K, Gupta C P. Amazon EC2 spot price prediction using regression random forests. IEEE Transactions on Cloud Computing, 2017, 8(1): 59-72.

[4] Wallace R M, Turchenko V, Sheikhalishahi M, et al. Applications of neural-based spot market prediction for cloud computing//The 7th International Conference on Intelligent Data Acquisition and Advanced Computing Systems, Berlin, 2013.

[5] 余有明，刘玉树，阎光伟．遗传算法的编码理论与应用．计算机工程与应用，2006，42(3)：90-93.

第 5 章　基于用户需求的数据多云优化存储

5.1　引　　言

随着云计算技术的发展，各大云服务商提供了各种各样的云存储服务。不同服务商提供的相同功能服务的价格之间存在差异，而且同一个服务商提供的具有相同功能的不同服务之间的价格也是有差异的。在价格策略中，不同云存储服务之间的存储价格和带宽价格也是不同的。除了在价格策略方面的差异，不同云存储服务的可用性也是不同的，例如，某个服务商所提供的存储服务的价格可能低于其他服务商，但是其服务的可用性可能不如其他服务商。当面对如此复杂的云服务市场，用户很难选择合适的数据存储方案。

从用户的角度出发，成本和可用性是其最关心的两个指标。但是这两个指标之间存在一个互相制约的关系。如果一个用户想要提高可用性，那么往往就需要支付更多的成本；如果用户希望能够降低成本，那么就要接受低可用性的风险。如何在复杂云服务市场中，为用户选择一个低成本高可用的数据存储方案是一个亟待解决的难题。

在多云存储中，纠删码和副本是两种最常用的数据冗余策略。相比副本，纠删码可以通过较少的额外存储空间来提高数据的可用性。使用纠删码，用户可以在不支付昂贵成本的条件下显著地提高数据可用性。

本章从用户的需求入手，研究了基于用户需求的低成本高可用性的数据优化存储的问题。首先，给出了数据优化存储问题中的定义以及优化模型；其次，在此基础上，提出了一种基于蚁群算法的数据优化存储方法；最后，通过实验分析证明该方法可以为用户提供一个低成本高可用性的数据存储方案。

5.2　问题定义及模型

本节首先给出多云环境下数据优化存储的一系列定义，然后在这些定义的基础上给出低成本高可用性的优化模型。由于云存储服务是由云服务商提供的，所以，本章使用云服务商来代替云存储服务。

定义 5.1　云服务商(Cloud Service Provider)。在本章的数据放置问题中，假设有 N 个提供云存储服务的云服务商，表示为 $C=\{\mathrm{SP}_1,\mathrm{SP}_2,\cdots,\mathrm{SP}_N\}$ 。每个云服务商有一个元组： $\mathrm{SP}_i=\{P_{si},P_{bi},P_{oi},a_i\}$ ，其中

(1) P_{si} 表示第 i 个云服务商的存储价格($/GB)；

(2) P_{bi} 表示第 i 个云服务商的带宽价格($/GB)；

(3) P_{oi} 表示第 i 个云服务商每次 Get 操作的价格($/次)；

(4) a_i 表示第 i 个云服务商的可用性，即云服务商所提供的云服务可用的概率。

定义 5.2　数据文件(Data File)。这里的数据文件表示的是用户需要进行存储的数据文件，该数据文件有一个三元组：$\mathrm{DF}=\{S,\tau,A_{\mathrm{req}}\}$，其中

(1) S 代表用户需要进行存储的数据文件的大小(GB)；

(2) τ 表示用户对其数据的访问频率，即一个时间周期内访问数据的次数；

(3) A_{req} 表示用户所要求的最低数据可用性。

本章的目标是选择云服务商和纠删码的参数，以最小化存储成本、Get 操作成本以及访问数据产生的带宽成本，同时最大化数据的可用性。简单起见，假设每个云服务商上只存储一个数据块。

定义 5.3　Erasure Coding 参数。(m,n)-erasure coding 表示将原始数据块分割成 m 个大小相等的数据块，然后将这 m 个数据块编码成 n 个数据块，其中包括 m 个原始数据块和 $(n-m)$ 个冗余数据块。用户可以接受任意 $0\sim(n-m)$ 个云服务商同时宕机。

接下来，给出关于数据可用性、存储成本、带宽成本以及 Get 操作成本的定义。值得注意的是，由于使用纠删码的方式冗余数据时，数据可用性以及成本的计算方式是统一的，所以接下来的定义与文献[1]和文献[2]是相似的。

定义 5.4　数据可用性。由于采用纠删码的方式来分存数据，所以数据的可用性等于 k 个云服务商同时可用的所有情况的可能性的总和，其中 $k\in[m,n]$。这种计算方式的前提是云服务商发生宕机的事件是独立的。定义 $C'=\{\mathrm{SP}_1\times\mu_1,\mathrm{SP}_2\times\mu_2,\cdots,\mathrm{SP}_N\times\mu_N\}$ 为存储 n 个数据块的云服务商集合，其中 μ_i 用来标记第 i 个云服务商是否被选择，并且 $\{\mu_i\in\{0,1\}\mid i=1,2,\cdots,N\}$。$\Omega=\begin{pmatrix}|C'|\\k\end{pmatrix}$ 表示 k 个云服务商同时可用的情况总数，S_j^{Ω} 表示所有 Ω 种情况中的第 j 种所包含的云服务商集合。数据可用性的计算公式如下

$$A=\sum_{k=m}^{n}\sum_{j=1}^{\Omega}\left[\prod_{i\in S_j^{\Omega}}a_i\prod_{i\in C'\setminus S_j^{\Omega}}(1-a_i)\right] \tag{5-1}$$

其中，$C'\setminus S_j^{\Omega}$ 表示在 C' 中但不在 S_j^{Ω} 中的云服务商。

定义 5.5　存储成本。Erasure coding 的数据冗余策略决定了需要 n 个云服务商来存储 n 个数据块，每个云服务商存储的数据块的大小为 S/m。整个存储过程中，用户需要支付的存储成本为 n 个云服务商所产生的存储成本的总和，计算方式如下

$$P_{\mathrm{stor}}=\sum_{i\in C'}\frac{S}{m}P_{si} \tag{5-2}$$

定义 5.6　带宽成本。在数据对象的存储过程中，用户会根据自己的需求对数据进行访问操作，而数据的出站需要向云服务商支付带宽成本。在纠删码中，只需要访问任意 m 个数据块就可以还原原始数据，所以为了降低带宽成本，选择带宽价格最便宜的 m 个云服务商进行数据访问，计算方式如下

$$P_{\text{net}} = \min_{j\in[1,\Omega]} \sum_{i\in S_j^{\Omega}} \frac{S}{m} \tau P_{bi} \tag{5-3}$$

定义 5.7　操作成本。这里的操作成本指的是用户访问数据进行 Get 操作的成本。需要注意的是，在这里进行 Get 操作所选择的云服务商和定义 5.6 中的云服务商是相同的，即公式(5-3)和公式(5-4)中 j 的取值是相同的。其计算方式如下

$$P_{\text{op}} = \min_{j\in[1,\Omega]} \sum_{i\in S_j^{\Omega}} \tau P_{oi} \tag{5-4}$$

在之前的描述中，本章的目标是为用户提供一个低成本高可用性的数据存储方案。为了简单起见，在本章工作中，对数据可用性和各种成本采用权重求和的方法计算出一个整体的 QoS (Quality of Service) 值。权重的大小决定了指标的重要程度，权重越大表明在优化过程中更偏向优化该指标。由于数据可用性和成本的单位是不同的，所以在使用权重法之前，首先需要进行归一化处理。

$$f_1(P_i) = \begin{cases} \dfrac{P_{\max} - P_i}{P_{\max} - P_{\min}}, & P_{\max} \neq P_{\min} \\ 1, & P_{\max} = P_{\min} \end{cases} \tag{5-5}$$

其中，P_i 表示第 i 个云服务商的价格(存储价格、带宽价格以及 Get 操作价格)，$P_{\max}$、$P_{\min}$ 分别表示所有云服务商中价格的最大值和最小值。

$$f_2(A_i) = \begin{cases} \dfrac{A_i - A_{\min}}{A_{\max} - A_{\min}}, & A_{\max} \neq A_{\min} \\ 1, & A_{\max} = A_{\min} \end{cases} \tag{5-6}$$

其中，A_i 表示第 i 个云服务商的可用性，$A_{\max}$、$A_{\min}$ 分别表示所有云服务商中可用性的最大值和最小值。

基于以上定义，本章最终的目标是数据存储方案的 QoS 最大，优化问题定义如下

$$\begin{aligned} \max Q = {} & \omega_1 \left\{ \sum_{k=m}^{n} \sum_{j=1}^{\Omega} \left[\prod_{i\in S_j^{\Omega}} f_2(a_i) \prod_{i\in C'\setminus S_j^{\Omega}} (1 - f_2(a_i)) \right] \right\} \\ & + \omega_2 \left\{ \sum_{i\in C'} \frac{S}{m} f_1(P_{si}) + \min_{j\in[1,\Omega]} \left[\sum_{i\in S_j^{\Omega}} \frac{S}{m} \tau f_1(P_{bi}) + \sum_{i\in S_j^{\Omega}} \tau f_1(P_{oi}) \right] \right\} \end{aligned} \tag{5-7}$$

s.t.

$$\left|C'\right| = n \tag{5-8}$$

$$\omega_1 + \omega_2 = 1 \tag{5-9}$$

$$\sum_{k=m}^{n}\sum_{j=1}^{\Omega}\left[\prod_{i\in S_j^{\Omega}} a_i \prod_{i\in C'\setminus S_j^{\Omega}} (1-a_i)\right] \geqslant A_{\text{req}} \tag{5-10}$$

其中，公式(5-7)是优化目标，表示最大化数据存储方案的 QoS 值；公式(5-8)要求最终选择数据存储方案中云服务商的个数为 n，即利用纠删码所产生的总数据块的个数；公式(5-10)表示选择数据存储方案的可用性大于用户所要求的最低可用性。

5.3　解 决 方 法

公式(5-7)对应的问题实际上是一个 NP 难问题，随着问题规模的扩大，无法在线性时间内求得最优解。为了能够有效地求解上述问题，本章提出了一种基于蚁群算法的近似求解算法。

蚂蚁在觅食过程中会在其经过的路径上留下信息素，以便于其他蚂蚁找到食物。蚁群算法[3]通过模拟蚂蚁觅食的原理进行问题的求解。图 5.1 描述的是多云环境下的数据存储方案的选择过程。该过程可以很容易地映射到蚂蚁觅食问题，在本章中，蚂蚁要选择的路径为存储 n 个数据块的云服务商，最优的路径即所有的路径中 QoS 值最大的路径。在该过程中，基于之前每个云服务商只存储一个数据块的假设，已经选择过的服务商将不会被再次选择。例如，当在选择第一个云服务商时，蚂蚁有 N 个云服务商可供选择，假设选择的是 SP_1，那么在选择第二个云服务商时蚂蚁只有 $(N-1)$ 种选择。

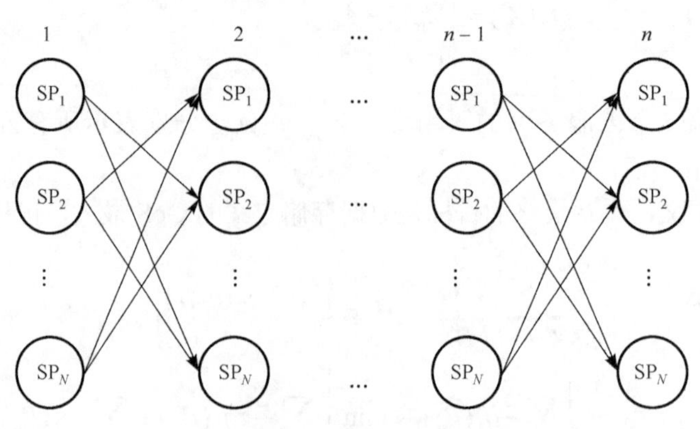

图 5.1　数据存储方案的选择过程

蚁群算法一个典型的应用就是求解 TSP(Travelling Salesman Problem)[4]，这个问题是给定许多城市和城市之间的距离，求出访问每个城市并且回到起点的最短距离。在蚁群算法中最重要的一个步骤就是路径的构建，在求解 TSP 问题时，蚂蚁选择下一个城市的概率是由下一个城市到当前城市的距离决定的。为了解决本章问题中蚂蚁选择下一个服务商的概率，需要计算每个云服务商整体 QoS 值，以此来计算该服务商被选择的概率。接下来给出云服务商 QoS 值的定义。

定义 5.8　云服务商的 QoS 值。该值用来表明该云服务商的整体评价，QoS 值越大，表示该云服务商越优。因为本章的优化目标为成本和可用性，所以选择使用这两个指标的加权求和评价云服务商。假设每个云服务商存储整个数据文件，以此来计算 QoS 值中的成本。云服务商 QoS 值的计算如下

$$\begin{cases}\theta_i = \omega_1 f_1(C_i) + \omega_2 f_2(a_i) \\ \omega_1 + \omega_2 = 1\end{cases} \tag{5-11}$$

其中，$C_i = SP_{si} + \tau SP_{bi} + \tau P_{oi}$。

基于以上定义，可以给出蚂蚁选择第 i 个云服务商概率的计算公式

$$p_i^k = \begin{cases}\dfrac{(v_i)^{\alpha}(\theta_i)^{\beta}}{\sum\limits_{j\in \text{ACSPs}}(v_j)^{\alpha}(\theta_j)^{\beta}}, & \text{SP}_i \in \text{ACSPs} \\ 0, & \text{SP}_i \notin \text{ACSPs}\end{cases} \tag{5-12}$$

其中，ACSPs 表示蚂蚁下次可以选择云服务商的集合，即把已经走过的云服务商从 C 删除以后剩余的云服务商；v_i 表示第 i 个云服务商的信息素浓度；α 为信息启发式因子，即蚂蚁选择之前走过的路径的概率；β 为期望启发式因子。

算法 GetBR 是数据存储方案选择算法的核心部分。该算法的输入包括可供选择的云服务商集合 serviceList，用户所要存储的数据文件的大小 S，用户对该文件的访问频率 τ，纠删码参数 n 的上界 ξ，以及蚁群算法本身的参数；其输出是一个最优的数据存储方案，包括所选择的存储 n 个数据块的云服务商列表，以及数据冗余策略纠删码的参数 m 和 n。算法首先初始化一个最好的数据存储方案 bestDPC（第 1 行）。然后，利用公式(5-11)计算每个云服务商的整体 QoS 值。接下来，该算法循环 $(\xi-1)$ 次蚁群算法，目的是遍历所有可能的纠删码参数选择，找到最优的数据存储方案。在每次循环过程中，每只蚂蚁选择一条路径，即数据块所要存储的 n 个云服务商(第 8 行)；然后计算该蚂蚁选择的方案对应的 QoS 值(第 10 行)；最后，从所有蚂蚁的方案中选择最优的方案(第 10、11 行)，并更新这个方案对应的信息素浓度。

算法 GetBR：获得最优的数据存储方案

输入：云服务商集合 serviceList，数据文件大小 S，文件访问频率 τ，纠删码参数 n 的上界 ξ，

蚂蚁数 antNum， MAX_GEN， α， β， ρ

输出：最佳数据存储方案 bestDPC

1： bestDPC ← NULL

2：计算每个云服务商的整体 QoS 值 θ_i

3：**For** $n=2$ to ξ **do**

4：　　result ← NULL

5：　　初始化蚁群对象

6：　　**For** $g=0$ to MAX_GEN **do**

7：　　　　**For** $i=0$ to antNum **do**

8：　　　　　　SelectCSP()

9：　　　　　　result ← GetBRA()

10：　　　　　　**If** result 优于 bestDPC **then**

11：　　　　　　　　bestDPC ← result

12：　　　　　　**End if**

13：　　　　**End for**

14：　　　　更新信息素矩阵

15：　　　　重新初始化蚁群对象

16：　　**End for**

17：**End for**

18：**Return** bestDPC

算法 SelectCSP 在算法 GetBR 的第 8 行被调用，其目的是为每只蚂蚁选择云服务商。该算法的输入包括信息素矩阵和算法 GetBR 确定的纠删码中 n 的值；其输出是一个被选择的云服务商集合，表示蚂蚁走过的路径。算法 SelectCSP 从 1 遍历到 n，每次遍历时，该算法首先计算不在禁忌表中的云服务商的概率；然后，使用轮盘赌方法选择云服务商；最后，将被选择的云服务商的 id 插入禁忌表中，禁忌表中的云服务商以后不会再被选择。

算法 SelectCSP：为每只蚂蚁选择云服务商

输入：信息素矩阵、信息素和数据块数 n

输出：被选择的云服务商集合 SetCSPs

1：**For** $i=2$ to n **do**

2：　　计算不在禁忌表中的云服务商的概率

3：　　使用轮盘赌方法选择云服务商

4：　　插入被选择的云服务商的 id 到禁忌表 SetCSPs

5：　**End for**

6：**Return** SetCSPs

最后给出算法 GetBRA，其目的是根据每个蚂蚁对应的云服务商集合计算最好的数据存储方案。该算法的输入为 SetCSPs 和 serviceList，其中 SetCSPs 是算法 SelectCSP 所得到的蚂蚁走过的云服务商集合，serviceList 为全部的云服务商集合。该算法首先初始化 best_QoS、bestM 以及 length（第 1～3 行），分别表示最优的数据存储方案对应的整体 QoS 值、纠删码中 m 值和 n 值。然后，求出 m 个云服务商可用的所有情况的集合，其中 m 从 1 增长到 length。接下来，将 m 从 1 遍历到 length 获取最优的数据存储方案对应的 m 和 best_QoS（第 5～16 行）。在每次迭代中，该算法首先计算至少 m 个云服务商可用时的数据存储方案对应的数据可用性；然后，如果该方案的可用性满足用户对数据可用性的最低需求，则继续计算该方案对应的总成本以及整体 QoS 值；最后如果当前的结果比目前最优的结果好，则更新最优的结果。

算法 GetBRA：为每只蚂蚁获得最优的数据存储方案

输入：蚂蚁走过的云服务商集合 SetCSPs 和云服务商集合 serviceList

输出：具有最大 QoS 值的最好数据存储方案 bestBRA

1：best_QoS $\leftarrow$ 0

2：bestM $\leftarrow$ 0

3：length $\leftarrow$ SetCSPs.length

4：求出 m 个云服务商可用的所有情况的集合，其中 m 从 1 增长到 length

5：**For** $m=1$ to length **do**

6：　　计算至少 m 个云服务商可用时的数据存储方案对应的数据可用性 sum_ava

7：　　**If** sum_ava $> A_{\text{req}}$ **then**

8：　　　　计算集合 SetCSPs 对应的总成本

9：　　　　计算该方案对应的整体 QoS 值 Q

10：　　　　**If** $Q >$ best_QoS **then**

11：　　　　　　best_QoS $\leftarrow Q$

12：　　　　　　bestM $\leftarrow m$

13：　　　　　　bestBRA $\leftarrow$ Result(best_{QoS}, bestM)

14：　　　　**End if**

15：　　**End if**

16：**End for**

17：**Return** bestBRA

5.4　实验及其分析

为了更好地评估所提出的方法，本节进行了丰富的实验。首先，介绍在实验中所采用的数据集；其次，通过改变数据访问频率得到数据存储模式的变化规律；由于文献[1]中的 CHARM 也用来解决多云环境下的数据优化存储问题，所以最后给出本章所提出的方法与 CHARM 的对比实验。

5.4.1　数据集

从第三方云服务监测平台 CloudHarmony[5]上收集真实的云服务商的信息，该平台旨在通过提供可靠和客观的性能分析、报告、评论、指标和工具来简化云服务的比较。在本节实验中，选用了 35 个云存储服务的信息，主要来自 Amazon S3、Microsoft Azure Cloud Storage、Google Cloud Storage、Alibaba Cloud Object Storage 等云存储服务，所选用的云存储服务的信息包括存储价格、带宽价格、操作价格等。由于每个云服务商对于其服务的可用性只是出现在其宣称的服务等级协议（Service Level Agreement，SLA）中，但很多时候是达不到这个值的，所以，在[95.0%,99.0%]区间内模拟这些云存储服务的可用性。

5.4.2　存储模式的变化

在该实验场景中，使用上述 35 个云存储服务计算用户在不同访问频率 τ 下的数据存储方案。假设用户需要存储的文件大小为 200GB，要求的最低数据可用性为 99.0%，访问频率 τ 以 0.1 的间隔从 0.1 增长到 1.0。如表 5.1 所示，当用户对其数据的访问频率大于 0.4 时，数据的存储模式保持 (1,2) 不变。事实上，当纠删码中的 $m=1$ 时，该存储模式是纠删码的一种特殊模式，即副本。为了得到更准确的变化规律，将访问频率从 0.30 增长到 0.40 来计算数据存储方案，如表 5.2 所示。当访问频率非常高时，副本的数据存储模式比纠删码更优。原因是高频的数据访问会产生高昂的带宽成本，该成本在总成本中占了很大比重。此时数据的访问操作应该发生在带宽价格最低的云服务商上，因此采取副本的方式可以使得用户只需要从带宽价格最低的云服务商上访问其数据即可，而纠删码的方式要求用户选择最便宜的 m 个云服务商进行数据访问，该方式的成本会高于副本。

表 5.1　$0.10 \leqslant \tau \leqslant 1.0$ 时数据存储模式的变化情况

τ	存储模式 (m, n)
0.1	(6, 8)
0.2	(2, 3)

续表

τ	存储模式 (m, n)
0.3	(2, 3)
0.4	(1, 2)
0.5	(1, 2)
0.6	(1, 2)
0.7	(1, 2)
0.8	(1, 2)
0.9	(1, 2)
1.0	(1, 2)

表 5.2　$0.30 \leqslant \tau \leqslant 0.40$ 时数据存储模式的变化情况

τ	存储模式 (m, n)
0.30	(2, 3)
0.31	(2, 3)
0.32	(1, 2)
0.33	(1, 2)
0.34	(1, 2)
0.35	(1, 2)
0.36	(1, 2)
0.37	(1, 2)
0.38	(1, 2)
0.39	(1, 2)
0.40	(1, 2)

5.4.3　实验结果及分析

首先，对比利用所提出的方法和 CHARM 得到的数据存储方案的 QoS 值，其中用户的访问频率以 0.1 的间隔从 0.1 增长到 1.0。数据存储方案对应的 QoS 值使用 $\text{QoS} = \omega_1 f_1(P) + \omega_2 f_2(A)$ 来计算，其中 P 表示 P_{stor}、P_{net} 以及 P_{op} 的和，A 表示该存储方案对应的可用性。图 5.2 给出了最后的对比结果。显然，本章所提出的方法优于 CHARM。当访问频率在 0.1～0.9，CHARM 的 QoS 值只有 0.5。因为 CHARM 的优化目标仅仅最小化总的成本，而数据可用性只是约束条件。相比较来说，当数据方案满足可用性的要求时，CHARM 会选择成本最低的，此时的可用性也是最低的，QoS 值仅为 0.5。而本章方法不仅最小化成本，同时也要求数据可用性最大。因此，本章方法在 QoS 值上取得很好的效果。

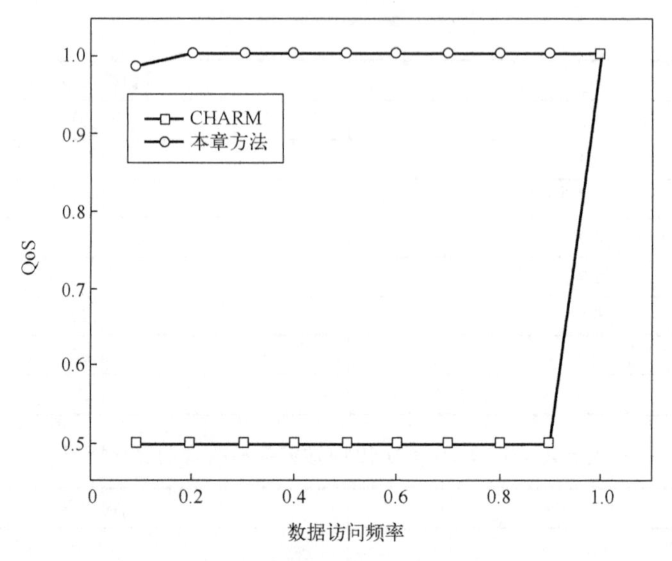

图 5.2　不同访问频率下两种方法的 QoS 对比

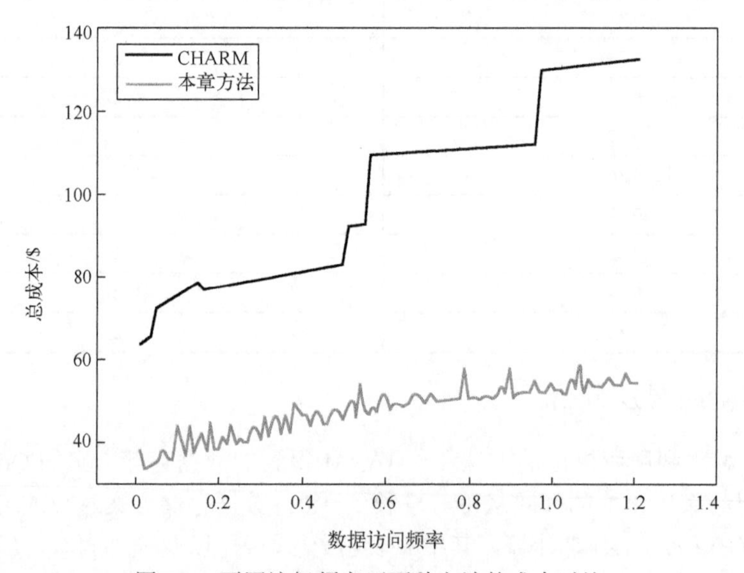

图 5.3　不同访问频率下两种方法的成本对比

由于 CHARM 的优化目标是总成本，所以比较两种方法求得的方案总成本，其中用户对其数据的访问频率以 0.01 的间隔从 0.01 到 1.20，数据文件的大小为 200GB。实验对比结果如图 5.3 所示。当用户的访问频率为 0.26 和 1.20 时，本章方法相比 CHARM 分别节省 50%和 55%的成本。

最后，比较了两种方法在不同数据文件大小下存储方案所对应的总成本，其中数据文件的大小以 200GB 的步长从 200GB 增长到 5000GB，用户的访问频率为

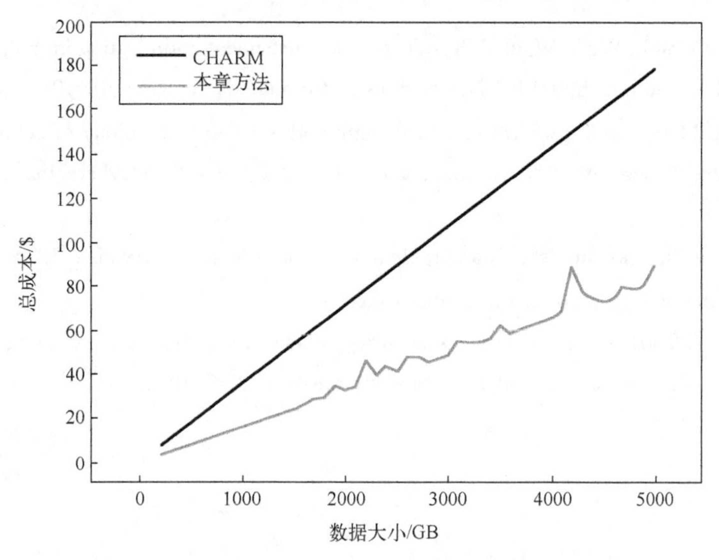

图 5.4　不同数据文件大小下两种方法的成本对比

0.001。如图 5.4 所示，本章方法要明显优于 CHARM。当数据文件的大小为 5000GB 时，利用 CHARM 所得到的数据方案的成本大约为$180，而本章方法所得到的数据方案只有$90。

5.5　本 章 小 结

当面临复杂云市场以及当前的利益时，用户会选择将数据部署到单一的云服务商，但是单云环境下的数据存储存在供应商锁定、数据可用性低以及数据隐私泄露等风险。多云环境下的数据存储不仅可以解决上述风险，还具有快速的数据响应、负载均衡以及数据恢复等优点[6]。然而如何权衡各个指标之间的制约关系实现多目标优化成为多云环境中亟待解决的难题。在本章中，给出了多云环境下数据存储的一系列定义；然后，根据用户低成本高可用性的需求，使用权重法给出了优化模型；接下来，提出一种基于蚁群算法的数据存储方法，通过该方法可以得到最优的数据存储方案，其中包括进行数据存储的云服务商集合以及纠删码的参数；最后，利用真实的云服务商信息，通过丰富的实验证明了所提出方法的有效性。

参 考 文 献

[1] Zhang Q L, Li S L, Li Z H, et al. CHARM: a cost-efficient multi-cloud data hosting scheme with high availability. IEEE Transactions on Cloud Computing, 2015, 3(3): 372-386.

[2] Su M M, Zhang L, Wu Y W, et al. Systematic data placement optimization in multi-cloud storage for complex requirements. IEEE Transactions on Computers, 2016, 65(6): 1964-1977.

[3] Dorigo M, Maniezzo V, Colorni A. Ant system: optimization by a colony of cooperating agents. IEEE Transactions on Systems, Man, and Cybernetics, Part B (Cybernetics), 1996, 26(1): 29-41.

[4] Flood M M. The traveling-salesman problem. Operations Research, 1956, 4(1): 61-75.

[5] CloudHarmony. http://www.cloudharmony.com, 2017.

[6] Mansouri Y, Toosi A N, Buyya R. Data storage management in cloud environments: taxonomy, survey, and future directions. ACM Computing Surveys, 2017, 50(6): 91.

第6章 多云环境下低成本高可用性的数据优化存储

6.1 引 言

针对多云环境下的数据优化存储问题，用户最关心的两个指标是成本和可用性。而在该优化问题中，成本和可用性这两个因素是相互制约的，不可能同时达到最优。第5章的工作采用了权重法将该多目标优化问题转化成了一个单目标的优化问题。事实上，权重法中权重的确定拥有很大的主观性。

本章首先定义了一个同时最小化成本和最大化可用性的多目标优化模型。为了解决该问题，本章采用了Pareto最优解集的概念进行求解，该解集又称为非支配解集，即在该集合中的任意一个解都不存在其他任何一个解在成本和可用性上优于它。为了求得该集合，提出了一个基于NSGA-II(Non-dominated Sorting Genetic Algorithm II)的数据存储方案选择方法。用户原则上可以从Pareto最优解集中任选一个解作为自己的数据存储方案，但是为了能够给出一个最合适用户的方案，本章提出了一种基于熵权法的最优方案选择方法。该方法可以利用所求得的Pareto最优解集计算出两个优化目标的权重，然后根据该权重将两个目标归一化到一个QoS值，从中选择一个最优的方案。从最后的实验结果看，本章所提出的最优方案选择方法可以有效地权衡成本和可用性之间的制约关系，并根据熵权法得到一个更适合用户的方案。

6.2 云存储场景

目前有大量的云服务商提供云存储服务，本章选取了五个主流的云存储服务展示它们的价格策略，包括Amazon S3、Microsoft Azure Cloud Storage、Alibaba Cloud Object Storage、Google Cloud Storage和CenturyLink Cloud，如表6.1所示。可以看到，不同地区的同一个云服务商提供的同一功能云存储服务的价格存在异质性。例如，Microsoft Azure Cloud Storage在澳大利亚东部地区的存储价格比美国东部地区和欧洲北部的低，但是澳大利亚东部地区的带宽价格比其他两个地区都要高。提供相同功能的云存储服务在不同服务商之间也是不同的。例如，Amazon S3在美国俄勒冈州的相比于美国东部的CenturyLink Cloud有较低的存储成本，但是Get操作成本较高。

表 6.1　每个云服务商的存储价格、带宽价格和 Get 操作价格

云存储服务		存储价格/$/GB	带宽价格/$/GB	Get 操作价格/$/10k 次
Amazon S3	俄勒冈州	0.0125	0.05	0.004
	首尔	0.018	0.108	0.0035
	巴黎	0.0131	0.05	0.0042
Microsoft Azure Cloud Storage	美国东部	0.0208	0.02	0.004
	欧洲北部	0.022	0.02	0.0044
	澳大利亚东部	0.02	0.12	0.004
Alibaba Cloud Object Storage	中国	0.0226	0.117	0.001
	美国西部	0.02	0.076	0.001
	澳大利亚	0.0209	0.13	0.002
CenturyLink Cloud	美国	0.04	0.05	0.0
	美国东部	0.14	0.06	0.0
Google Cloud Storage	亚太地区	0.026	0.2	0.004

如今，越来越多的企业和用户选择将他们的数据部署到云上来降低维护成本和提高数据的可用性。图 6.1 抽象并简化了用户将其数据放入云中的场景。它描述了用户以一系列需求将数据存储到云上，这些需求包括低廉的成本、高可用性等。由于用户数据可能包含公共文件，所以用户的需求还包括数据的访问频率，即在单位时间段内访问数据的次数。

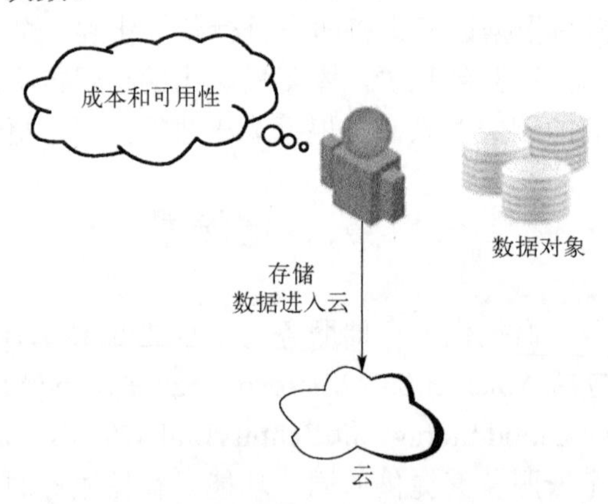

图 6.1　云存储场景

针对上述云存储场景，本章给出一个例子说明单云存储下的风险。假设用户需要存储的数据大小为 200GB，数据的可用性要求不低于 99.99%，并且用户一个月内访问数据的次数为 0.3 次。然而，当面对复杂的云服务市场(表 6.1)时，该用户可能会选择存储成本低的并且可用性大于 99.99%的云存储服务，即 Amazon S3 在巴黎

的服务。然而，当用户访问其数据时，该选择会产生高昂的带宽成本，并且单云存储还会导致供应商锁定、数据低可用性以及数据隐私泄露等风险。

6.3　多云存储的利弊

针对上述云存储场景，依赖单一的云服务进行数据存储存在风险。多云存储可以将数据分存到多个云服务商上解决这些风险。接下来讨论如果用户将数据部署到多云上会带来的益处。

(1) 实现数据的高可用性。在上述场景中，用户所要求的数据可用性不低于 99.99%。很多云服务商的 SLA 中声称的可用性都会高于这个值。纠删码和副本已经成为多云存储环境下的两种常用的数据冗余策略。虽然副本能比纠删码实现更高的数据可用性，但是它也会占用额外的存储空间从而产生额外的成本。所以，在本章的工作中，采用纠删码的方式实现多云环境下的数据分布式存储。如图 6.2 所示，(6,8)-纠删码将用户的原始数据文件分割成 6 个大小相等的数据块，并将其冗余成 8 块。用户可以接受不超过 2 个云服务商同时宕机，并且只需要任意 6 个数据块就可以访问到其原始数据文件。假设 (6, 8) -纠删码中所选择的 8 个云服务商的可用性都为 99.99%，根据第 5 章定义的可用性计算公式 (5-1) 可以得到整体的数据可用性为 99.99997%。可以看出，将数据分存到多个云服务商可以实现比单云存储更高的可用性。

(2) 低数据访问成本和防止供应商锁定。数据的访问成本包括 Get 操作成本和数据出站所产生的带宽成本。由于采取了纠删码的数据冗余方式，用户可以选择 Get 操作成本和带宽成本最低的云服务商进行数据的访问。由于 Get 操作成本很低，在这里主要讨论带宽成本。例如，假设用户由于低廉的存储成本而将数据存储到 Amazon S3 在美国俄勒冈州的数据中心，那么带宽成本为$3。如果用户采取 (2, 3) -纠删码的方式将数据存储到美国俄勒冈州的 Amazon S3、美国东部和欧洲北部的 Azure。数据访问操作可以被美国东部和欧洲北部的 Azure 满足，此时的带宽成本只有$1.2。除此之外，供应商锁定风险主要发生在用户面对一些突发情况需要进行数据迁移所产生的昂贵的带宽成本，这些突发情况主要包括云服务商的突然破产、出现价格更低可用性更高的云服务商或者云服务商突然抬升其服务价格。

(3) 保护数据的隐私。由于纠删码的使用，每个云服务商只存储了用户原始数据文件的某个块。即使云服务商遭受了内部恶意人员或者外部攻击，攻击者也不可能根据某一个数据块恢复出用户的原始数据。多云存储在一定程度上可以保证用户数据的隐私安全。

虽然多云存储有以上优点，但是在存储成本、访问成本以及数据可用性之间寻找平衡关系是一个很大的挑战。通常具有高可用性的云服务商，其定价策略也比其他服务商高。所以本章提出了一个多目标优化模型，该模型解决了如何选择合适的云服务商集合和纠删码的参数满足用户的存储需求，并且使用户所支付的成本最低同时数据可用性最高。

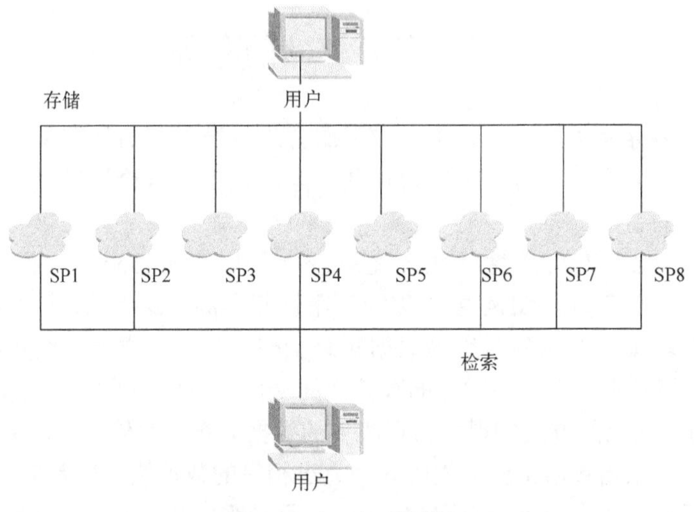

图 6.2　(6, 8)-纠删码

6.4　问题定义及模型

在本节中，首先简要地给出了问题描述，并且基于该问题描述给出多云环境下的数据管理模型；最后，基于数据管理模型定义了一个多目标优化问题。

6.4.1　问题描述

图 6.3 描述了本节中多云环境下数据优化存储的示意图，主要包含了四个部分：数据存储需求统计模块(Data Hosting Demand Statistic)、云服务商信息收集模块(Cloud Storage Information Collection)、数据存储模块(Data Hosting)和数据检索模块(Data Retrieving)。

数据存储需求统计模块用来收集用户存储数据的需求，包括数据大小、要求的最低数据可用性以及数据的访问频率等。云服务商信息收集模块利用CloudHarmony[1]来收集云服务商的信息，包括存储价格、带宽价格、各种操作价格等。数据存储模块和数据检索模块是两个最主要的模块。数据存储模块用来决定进行数据存储的云服务商列表。数据检索模块用来决定用户进行数据访问所用的云服务商。这两个模块都是基于纠删码去实现的。假设采取了 (m,n) -erasure coding，数据文件被分成 m 个大小相同的数据块，并利用这些数据块生成 $(n-m)$ 个冗余数据块。在数据访问过程中，任意 m 个数据块都可以检索出原始的数据文件。

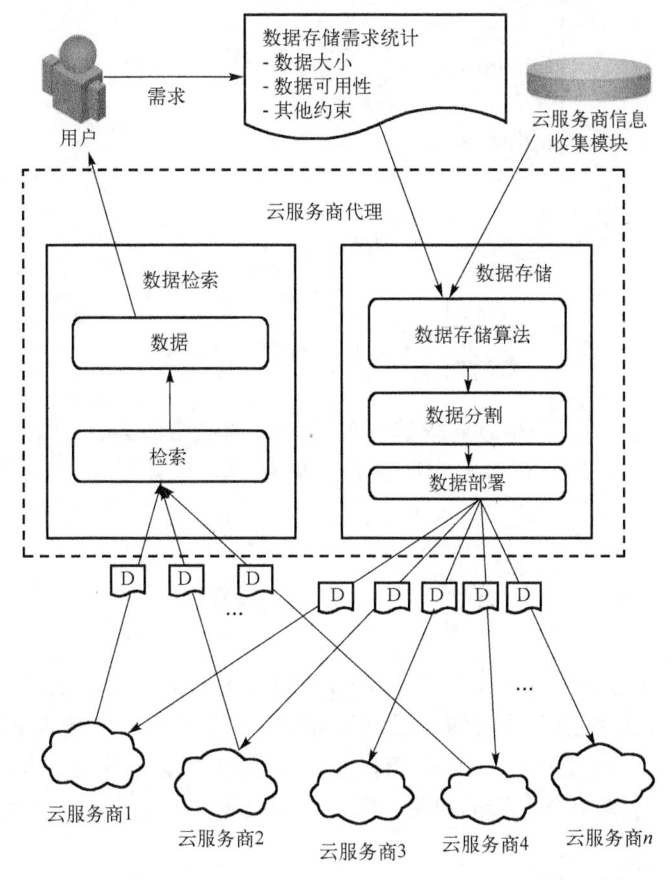

图 6.3　多云存储示意图

上述数据优化存储场景的目的是给用户提供一个满足需求的数据存储方案，同时最小化成本、最大化数据可用性。

6.4.2　问题定义

由于本章所用到的定义与第 5 章相同，所以在这里只介绍新的定义。

定义 6.1　总成本。用户在数据文件的存储过程所要支付的总成本包括存储成本 P_{stor}、Get 操作成本 P_{op} 以及带宽成本 P_{net}，计算方式如下

$$C_T = P_{\text{stor}} + P_{\text{op}} + P_{\text{net}} \tag{6-1}$$

在第 5 章中，所选择的优化目标也是数据可用性和总成本，但是定义最后的优化问题时，使用了权重法将这多目标合并到单一的目标 QoS 去进行优化。在本章中，提出了一个多目标优化问题，该问题定义了两个优化目标：最大化可用性和最小化成本。其定义如下

$$\begin{cases} \text{Maximize } A = \sum_{k=m}^{n}\sum_{j=1}^{\Omega}\left[\prod_{i\in S_j^{\Omega}} a_i \prod_{i\in C'\setminus S_j^{\Omega}} (1-a_i)\right] \\ \text{Minimize } C_T = P_{\text{stor}} + P_{\text{op}} + P_{\text{net}} \end{cases} \tag{6-2}$$

s.t.

$$|C'| = n \tag{6-3}$$

$$\sum_{k=m}^{n}\sum_{j=1}^{\Omega}\left[\prod_{i\in S_j^{\Omega}} a_i \prod_{i\in C'\setminus S_j^{\Omega}} (1-a_i)\right] \geqslant A_{\text{req}} \tag{6-4}$$

在上述定义中，公式(6-3)要求选择的云服务商的个数为n，即每个云服务商上只存储一个数据块；公式(6-4)要求所选择数据存储方案必须满足用户的最低可用性要求。

6.5 解决方法

在本节中，首先提出了一个基于NSGA-II的多目标优化算法去解决公式(6-2)～公式(6-4)所定义的数据存储问题。通过该算法，可以得到一组非支配解，即Pareto最优解集。然后，提出了一种基于熵权法的最优方案确定算法，即根据所求解的Pareto最优解集计算两个目标的权重，然后利用权重法求出值最大的数据存储方案。

6.5.1 多目标优化算法

所提出的优化算法主要基于有很多应用[2]的NSGA-Ⅱ。算法NDP描述了基于NSGA-Ⅱ的数据存储算法的伪代码。NSGA-Ⅱ是基于遗传算法的，其流程包括种群初始化、遗传操作(即选择、交叉和变异)、非支配排序方法以及基于精英策略生成下一代种群。

算法 NDP：获得 Pareto 最优解集

输入：CSPs集合C，纠删码参数n的上界ξ，用户需要进行存储的数据文件$\text{DF}=\{S,\tau,A_{\text{req}}\}$

输出: Pareto最优解集P

1：初始化参数，种群大小N_p，基因数N_g，交叉概率p_c和变异概率p_m

2：初始化P为空集合

3：通过PopInitER或者PopInitDC初始化种群

4：$g=0$

5：$Q_0=\text{Copy}(P_0)$

```
6:   While g ≤ N_g do
7:       交叉种群 P_g
8:       变异种群 P_g
9:       For i = 0 to N_p do
10:          fitness = {0,0}
11:          计算由染色体 P_g[i] 表示的数据存储方案的总成本 C_T 和数据文件可用性 A
12:          fitness = {C_T, A}
13:          P_g[i].fitness = fitness
14:      End for
15:      F ← 对 (P_g ∪ Q_g) 做快速非支配排序
16:      在 F 中对每个 Pareto 集合计算 crowding 距离
17:      P_{g+1} = {}
18:      For j = 0 to (|F| − 1) do
19:          If |P_{g+1}| + |F_j| ≤ N_p then
20:              P_{g+1} = P_{g+1} ∪ F_j
21:          else
22:              P_{g+1} = P_{g+1} ∪ F_j[1:(N_p − |P_{g+1}|)]
23:          End if
24:      End for
25:      Q_{g+1} = Copy(P_{g+1})
26:      g = g + 1
27:  End while
28:  paretoFront = {}
29:  For i = 0 to N_p do
30:      If Q_g[i].rank == 1 then
31:          paretoFront = paretoFront ∪ Q_g[i]
32:      End if
33:  End for
34:  P = P ∪ paretoFront
35:  Return P
```

(1)种群初始化。

算法 NDP 的第一步就是生成初始化种群。在本章的问题中，云服务商的组合被编码成一个二进制数组$[x_1, x_2, \cdots, x_N]$，其中如果第i个云服务商被选择，那么$x_i = 1$，

并且 $\sum_i x_i = n$，如图 6.4 所示。在染色体中，每个基因代表一个云服务商。算法 GenInd 描述了如何生成一个染色体。GenInd 首先随机生成了一个长度为 n 的数组，数组中数为 0～N 中的随机数(第 2～12 行)。该数组代表被选择进行数据存储的云服务商。然后将染色体该位置初始化为 1，其余位置为 0。

CSP_1	CSP_2	…	CSP_{N-1}	CSP_N
x_1	x_2	…	x_{N-1}	x_N

图 6.4　染色体编码

算法 GenInd：生成一个染色体

输入：纠删码参数 (m,n)，CSP 数 length

输出：一个染色体 ch

```
1：初始化空数组 index[n]，和用 0 初始化 ch
2：For i=0 to n do
3：        index[i] ← 从 (0～length) 范围随机生成整数
4：        For j=0 to i do
5：              If index[i]==index[j] then
6：                    break
7：              End if
8：        End for
9：        If j==i then
10：          i+=1
11：       End if
12：End for
13：For i=0 to n do
14：  ch[index[i]]=1
15：End for
16：Return ch
```

在本章的问题中，最优的数据存储方案不仅包括进行数据存储的云服务商集合，还包括进行数据分存的纠删码的参数 (m,n)。因此基于该优化问题的特殊性，本章提出了两种初始化种群的策略。

①EQ 策略。该策略的思想是对每个纠删码的取值情况初始化相同数量的染色体。如图 6.5 所示，当 $n=1$ 时，生成初始化 N_p/ξ 个染色体，其中每个染色体满足

$\sum_{i}^{N} x_i = 1$；当 $n = 2$ 时，生成初始化 N_p / ξ 个染色体，其中每个染色体满足 $\sum_{i}^{N} x_i = 2$；按照如此规律，生成所有纠删码参数取值的种群。算法 PopInitEQ 是该策略的伪代码。

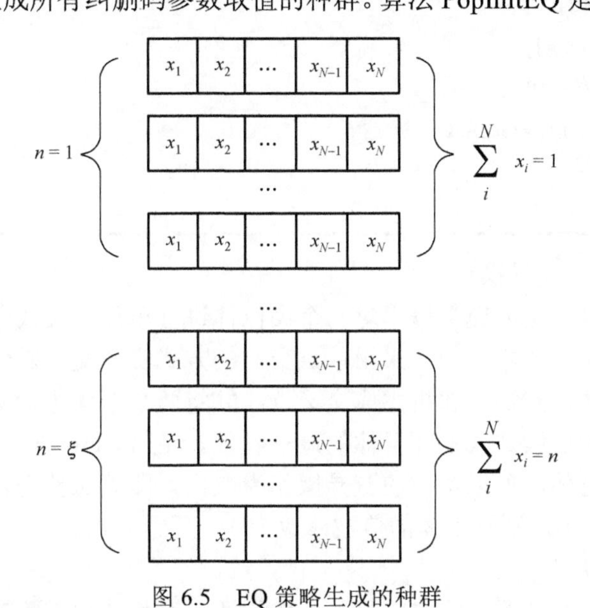

图 6.5　EQ 策略生成的种群

算法 PopInitEQ：根据 EQ 策略初始化种群

输入：种群大小 N_p

输出：种群 Population

1：初始化 Population = []

2：**For** $n = 2$ to ξ **do**

3：　　**For** $m = 1$ to n **do**

4：　　　　**For** $i = 0$ to N_p **do**

5：　　　　　　Population[i] = GenInd

6：　　　　**End for**

7：　　**End for**

8：**End for**

9：**Return** Population

---

②DC 策略。第二种初始化种群的策略是采取了分治法的思想。算法 PopInitDC 描述了该策略的流程。采取分治法的思想，需要多次运行 NDP 算法，每次运行都取不同的纠删码参数。最后，从所有纠删码参数对应的方案中找到一个最优的方案。

算法 PopInitDC：根据 DC 策略初始化种群

输入：种群大小 N_p

输出：种群 Population

1：初始化 Population =[]

2：　**For** $i = 0$ to N_p **do**

3：　　　Population[i] = GenInd

4：　**End for**

5：**Return** Population

(2)交叉操作和变异操作。

交叉操作是以一定的交叉概率对两个染色体进行单点交叉或者多点交叉，生成下一代个体的操作。在本章中，采用单点交叉的方式实现交叉操作。首先从种群中随机选择两个个体；然后，随机生成交叉点，并将两个个体进行交叉。变异操作是为了避免在算法的后续迭代期间群体的过早收敛。在本章中，由于采取了二进制编码的方式生成染色体，所以本章的变异操作为取反，即算法首先随机生成一个点，如果该个体的值为 0，则该个体的值被修改为 1，反之亦然。

(3)个体适应度计算。

在遗传算法中，计算种群中的每个个体的适应度是非常重要的一步。适应度越大的个体越容易被选择遗传到下一代中。在本章要解决的问题中，由于同时优化成本和可用性，所以每个个体的适应度是一个二维数组，包括该个体所对应的数据存储方案的成本和可用性。

(4)形成新种群。

为了保证种群分布的多样性，NDP 首先合并上一代种群和当代进行交叉、变异之后的种群，然后通过快速非支配排序的方法构建非支配集。当群体中没有个体在所有的目标函数上优于该个体时，该个体是非支配个体。然后，计算非支配集中每个 Pareto 集的拥挤距离，并按降序对其进行排序。最后，该算法依次从非支配集中将个体选择遗传到新的群体中。

当迭代结束时，NDP 选择 Pareto 等级为 1 的个体组成 Pareto 最优解集。

6.5.2　最优方案确定算法

通过算法 NDP，可以得到一个 Pareto 最优解集，其包含了一系列非支配解。为了给用户选择一个方案，通过确定成本和可用性这两个指标的权重计算每个解决方案的 QoS 值，并向用户推荐具有最大 QoS 值的解决方案。

目前有大量的确定权重的方法，主要可以分为两类：主观法和客观法[3]。前者基于指标的主观价值确定权重，后者基于客观信息(例如决策矩阵)确定权重[3]。

由于利用主观法确定权重有较强的主观随机性，所以在本章中，采用基于信息熵的方法确定成本和可用性权重。在信息论中，熵是衡量不确定性的指标[4]。信息量越大，不确定性越小，熵越小，反之亦然[4]。根据熵的特征，可以利用它判断成本和可用性两个指标的分散程度。熵越大，指标的分散程度越高，指标对综合评价的影响越大，其权重系数也就越大，反之亦然。

在介绍熵权法应用之前，先给出 Pareto 最优解集中元素的定义。

定义 6.2　Pareto 最优解集中的元素。Pareto 最优解集是通过算法 NDP 得到的，可以将其表示为 $P=\{P_1,P_2,\cdots,P_M\}$，其中 M 为 Pareto 最优解集中非支配解的个数。Pareto 最优解集中每个元素都有一个三元组：$P_i=\{P_i^{\mathrm{ep}},P_i^c,P_i^a\}$，其中

(1) P_i^{ep} 表示第 i 个非支配解对应的纠删码参数；

(2) P_i^c 表示第 i 个非支配解对应的存储方案的成本；

(3) P_i^a 表示第 i 个非支配解对应的存储方案的可用性。

目前有很多工作使用信息熵计算权重[5-7]，并且其流程已经非常成熟了。下面介绍本章中的计算成本和可用性权重的流程。

(1) 归一化成本和可用性。

由于成本是越小越好，可用性是越大越好，所以在这里采用两个不同的函数进行归一化处理。

$$f_1(P_i^c)=\begin{cases}\dfrac{P_{\max}^c-P_i^c}{P_{\max}^c-P_{\min}^c}, & P_{\max}^c\neq P_{\min}^c\\ 1, & P_{\max}^c=P_{\min}^c\end{cases}\tag{6-5}$$

其中，$P_{\max}^c$、$P_{\min}^c$ 分别表示所有非支配解对应的数据存储方案的成本的最大值和最小值。

$$f_2(P_i^a)=\begin{cases}\dfrac{P_i^a-P_{\min}^a}{P_{\max}^a-P_{\min}^a}, & P_{\max}^a\neq P_{\min}^a\\ 1, & P_{\max}^a=P_{\min}^a\end{cases}\tag{6-6}$$

其中，$P_{\max}^a$、$P_{\min}^a$ 分别表示所有非支配解对应的数据存储方案的可用性的最大值和最小值。

简单起见，将所有非支配解归一化后的成本和可用性转化为一个大小为 $M\times 2$ 的矩阵 $\boldsymbol{A}$，其中 $\boldsymbol{A}_{ij}$ 表示 Pareto 最优解集中第 i 个非支配解的第 j 个目标上归一化之后的值，$i\in\{1,2,\cdots,M\}$，$j\in\{1,2\}$。

(2) 计算第 i 个非支配解的第 j 个目标在该目标之和上所占的比重。计算方式如下

$$p_{ij}=\frac{\boldsymbol{A}_{ij}}{\sum_{i=1}^{M}\boldsymbol{A}_{ij}}\tag{6-7}$$

(3)计算第 j 个指标的信息熵。计算方式如下

$$e_j = -k\sum_{i=1}^{M} p_{ij}\ln(p_{ij}) \tag{6-8}$$

(4)计算每个指标的权重。

$$\omega_j = \frac{1-e_j}{\sum_{j=1}^{2}(1-e_j)} \tag{6-9}$$

(5)根据上面计算的两个指标的权重,计算每个非支配解对应的数据存储方案的QoS。计算方式如下

$$q_i = \sum_{j=1}^{2}\omega_j p_{ij} \tag{6-10}$$

6.6　实验及其分析

本章基于真实的云服务商信息实现上述算法,并通过实验进行性能评估。首先,给出了实验设置,包括云服务商信息的数据集和算法的参数设置等。然后,通过多个实验场景来证明所提出算法的有效性。虽然多云存储在近些年来成为热门研究方向,但是在多云环境下的数据优化存储的工作少之又少。文献[8]提出的 CHARM 和文献[9]提出的 ACO(即第 5 章的工作)是两个有代表性的工作,所以通过一系列的实验将所提出的算法与其对比。

6.6.1　实验设置

本章实验所采用的云服务商的信息同样是利用 CloudHarmony 获取的。在实验中使用了 6 个云服务商下 35 个不同地区的云存储服务,其中 12 个来自 Amazon S3(AM),4 个来自 Microsoft Azure(AZ),3 个来自 Google Cloud Storage(GO),7 个来自 Alibaba Cloud Object Storage(AL),5 个来自 CenturyLink Cloud(CL),以及 4 个来自 SoftLayer(SL)。每个云存储服务都有一个名字,其构成如表 6.2 所示[10]。例如,AZ-EUN 表示在欧洲北部的 Microsoft Azure。值得注意的是,在我们的数据集中,Amazon S3 在 USA-West 区域有两个数据中心(即北加州(N)和俄勒冈州(O)),在 USA-East 区域有两个数据中心(即北弗吉尼亚州(N)和俄亥俄州(O))。所用到的云服务商的信息包括存储价格、带宽价格以及 Get 操作的价格。与第 5 章的工作相同,本章没有采用云服务商自己宣称的可用性,而是为每个云服务商的数据中心模拟了一个可用性,其取值范围是[95.0%, 99.9%]。

本章所提出的算法使用 Java 编写，并且所有的实验结果都是在 CPU 为 3.40GHzCore™ i7-6700、16GB 内存的机器上运行得到的。不同的参数设置对算法的性能影响较大。所以通过多次实验确定算法的参数值。由于有两种初始化种群的策略 EQ 和 DC，所以对应的算法参数设置也不同，如表 6.3 所示。

表 6.2 实验中云存储服务命名构成

云服务商	地区	具体位置
Amazon S3(AM), Microsoft Azure (AZ), Google Cloud Storage(GO), Alibaba Cloud Object Storage(AL), CenturyLink Cloud(CL), SoftLayer (SL)	USA(US), Europe(EU), Asia Pacific(AP), Australia(AU)	south(S), north(N), west(W), east(E), center(C), Mumbai(M), Seoul(S), Tokyo(T), Frankfurt(F), Ireland(I), Paris(P), London(L), Sydeny(Sy)

表 6.3 EQ 和 DC 的参数设置

	EQ	DC
种群大小	1500	300
基因数	3000	600
变异率	0.1	
交叉率	0.9	

6.6.2 算法评估

由于使用不同的初始化种群策略，EQ 和 DC 所得到的结果也不同。本节通过以下几个实验讨论两种策略的结果。

(1) Pareto 最优解集。

本章中所解决的数据存储问题是一个双目标优化的问题。通常情况这种问题没有一个绝对最优解。在该实验中，采用表 6.4 中的默认参数，得到一个 Pareto 最优解集，如图 6.6 所示。图 6.6(a)是利用策略 EQ 所得到的结果。由于 DC 策略是分别求解不同纠删码参数下的 Pareto 最优解集，因此按照实验设置，其结果有 15 个 Pareto 最优解集。由于篇幅的限制，在这里只给出纠删码的参数设置为(3, 5)所得到的 Pareto 最优解集，如图 6.6(b)所示。

表 6.4 实验参数设置

参数设置	默认值	范围
数据大小	200GB	100～1000GB
访问频率	0.3	0～1.0
纠删码参数(m, n)	$2<n<7,\quad 0<m<n$	

使用所提出的最优方案确定算法，可以从 Pareto 最优解集中找到一个最优解。

对于 EQ 策略来说，其找到的最优数据存储方案是在图 6.6(a)所标记的点。该点所代表的数据存储方案包括所选择的云服务商的列表{AZ-USE, AZ-EUN, AM-USE-O, AM-USW-O, AM-EUI}以及纠删码的参数(3, 5)。该方案所对应的成本和可用性分别为$7.1533 和 99.9961%。每个数据中心存储 40GB 的数据，其中带宽价格最低的 3 个数据中心用来满足用户的数据访问操作。

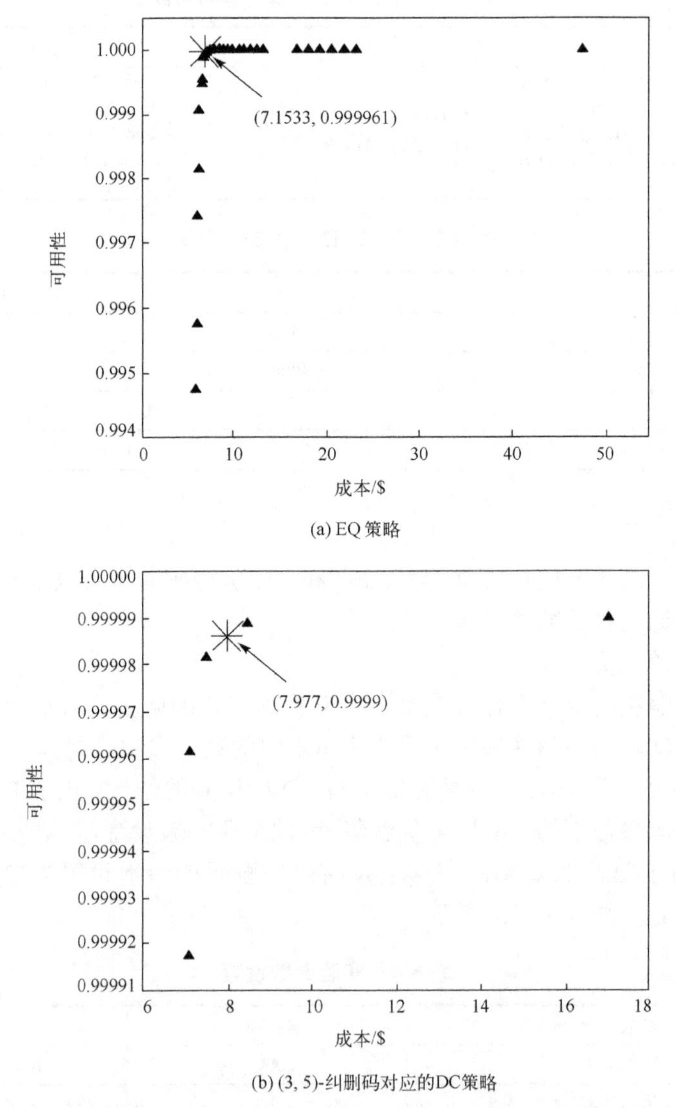

图 6.6　两个算法在数据大小为 200GB、访问频率为 0.3 下的 Pareto 最优解集

对于 DC 策略，图 6.6(b)所标记的点表示的是在纠删码取值为(3, 5)下的最优解。实际上，该 Pareto 最优解集中有 15 个非支配解。因此需要多次运行所提出的算法

找到最优的数据存储方案：云服务商列表为{AZ-USE, AZ-EUN, GO-APS, AM-USE-O, AM-EUI, AL-USE}；成本为$7.715，可用性为 99.997%；纠删码的参数为(4, 6)。

(2)存储模式的变化。

事实上，用户对数据对象的访问频率不是一成不变的，会随着时间而变化。在该实验中，通过使数据访问频率从 0 变化到 1.0 研究其对存储模式的影响。表 6.5 描述了纠删码的参数随用户访问频率的变化情况。无论是 EQ 还是 DC 策略，当数据访问频率到达一定的值之后，其数据冗余方式都会变为特殊的纠删码。对于 EQ 策略，当访问频率大于 0.55 之后，纠删码的参数变成了(2, 4)。对于 DC 策略，当访问频率大于 0.60 之后，纠删码的参数变成了(1, 2)。

表 6.5　Erasure coding 参数的变化

访问频率	EQ	DC
0.0	(3, 5)	(2, 4)
0.05	(3, 5)	(4, 5)
0.10	(3, 5)	(4, 5)
0.15	(3, 5)	(4, 5)
0.20	(4, 6)	(4, 6)
0.25	(4, 6)	(4, 6)
0.30	(3, 5)	(4, 6)
0.35	(3, 5)	(4, 6)
0.40	(3, 5)	(4, 6)
0.45	(3, 5)	(4, 6)
0.50	(3, 5)	(4, 6)
0.55	(2, 4)	(4, 6)
0.60	(2, 4)	(1, 2)
0.65	(2, 4)	(1, 2)
0.70	(2, 4)	(1, 2)
0.75	(2, 4)	(1, 2)
0.80	(2, 4)	(1, 2)
0.85	(2, 4)	(1, 2)
0.90	(2, 4)	(1, 2)
0.95	(2, 4)	(1, 2)
1.0	(2, 4)	(1, 2)

出现这种情况的原因是因为高的访问频率会产生高昂的带宽成本，该成本在总的成本中占了很大的比重。例如，对于 EQ 策略，当访问频率为 0.3 时，此时的带

宽成本为$0.3，占了总成本的 25.16%，当访问频率增长到 0.8 时，带宽成本占总成本的比重提高了 6.9%。当访问频率很高时，所提出的算法会去选择那些带宽价格便宜的云服务商。根据数据访问频率的变化动态地调整数据存储方案是非常必要的，这将在第 7 章的工作中去介绍。

(3) 成本和可用性。

在该实验场景中，通过计算数据存储方案的成本和可用性评估所提出算法的有效性。对于 DC 来说，由于每一种纠删码参数都对应了一个最优解，所以本章研究了纠删码参数对所求得的方案成本和可用性的影响，如图 6.7 所示。可以看出，随着纠删码中 n 的增大，所求得的数据存储方案的可用性接近 100%。这是因为数据文件的可用性等于不超过 $(n-m)$ 个云服务商同时宕机的可能性。当 n 变大时，所求得的数据方案能容忍更多的云服务商同时宕机，因此数据的可用性会增大。由于 n 的变大，会占用更多的存储空间，因此方案对应的总成本也会变大。

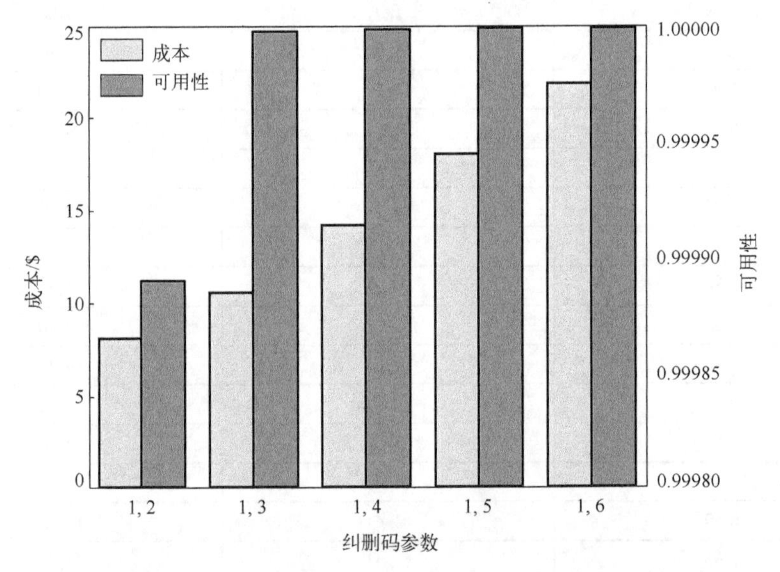

图 6.7　不同纠删码参数下的最优方案的成本和可用性

图 6.8 给出了访问频率和数据文件的大小对所求得方案的成本的影响。在图 6.8(a) 中，当访问频率为 0 时，此时的总成本只有存储成本，EQ 能比 DC 节约 18.6%的成本。值得注意的是，图 6.8(a) 中的折线图是有几个转折点的。出现转折点的原因是数据的存储模式会随着访问频率的变化而变化。例如，EQ 所对应的折线由四段组成，转折点包括访问频率为 0.15，0.30 和 0.55。该结果与表 6.5 中的转折相同。

通过将数据文件的大小从 100GB 增长到 1000GB 对比两个策略所得到的结果。图 6.8(b) 描述了两个策略所得到的方案的成本与数据文件大小是成正比关系的。其结果是直线，原因是数据文件大小的变化对数据存储方案的是没有影响的。

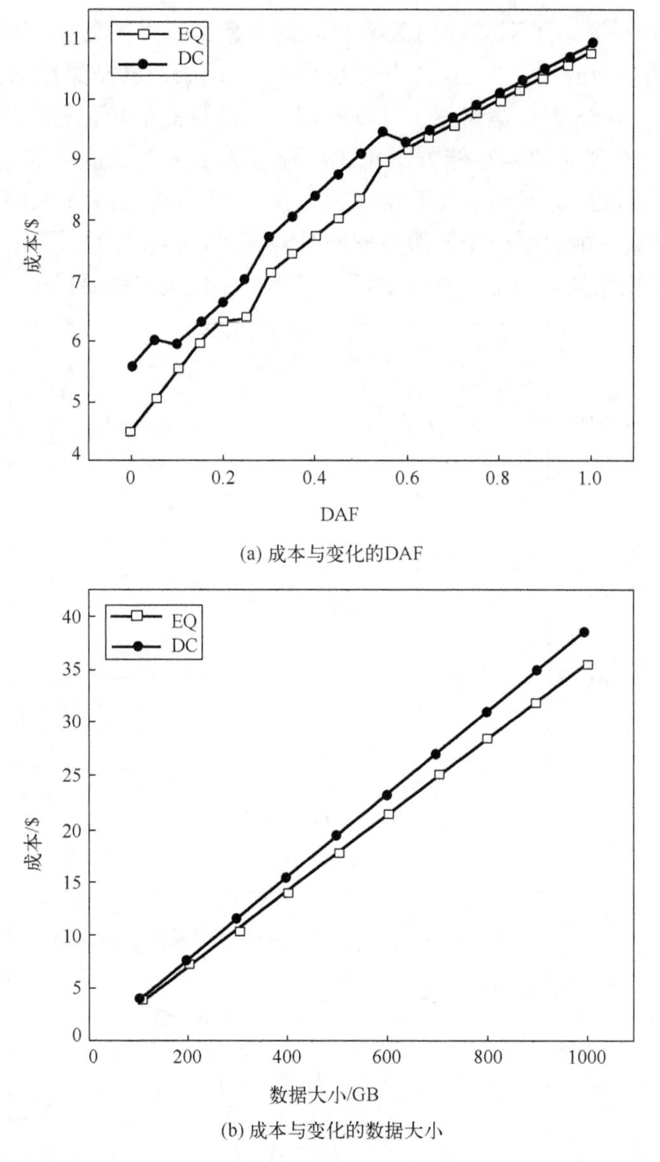

(a) 成本与变化的DAF

(b) 成本与变化的数据大小

图 6.8　不同的访问频率和数据大小下所求得的方案对应的成本

6.6.3　实验结果及分析

在本节实验中，将本章所提出的算法与 CHARM 以及 ACO 进行对比。

ACO 的优化目标也是成本和可用性。但是，在第 5 章中，采取的是主观确定权重的方法，将多目标转为一个目标去进行优化。所以，在本次实验中对比了两个算法在不同的数据大小和访问频率下求得方案的成本和可用性，如图 6.9 所示。

图 6.9(a)、(b)分别描述了不同访问频率和数据对象大小下的数据存储方案可用性的对比结果。在图 6.9(a)中，当 DAF 小于 0.3 时，策略 DC 的结果比 EQ 和 ACO 都要好。当 DAF 大于 0.55 时，策略 EQ 可以实现比 DC 更高的可用性。出现这个结果的原因是策略 EQ 得到的数据存储方案比 DC 能容忍更多的云服务商同时宕机。结果如表 6.5 所示，当数据访问频率大于 0.55 时，策略 EQ 能忍受两个云服务商同时宕机，而策略 DC 的结果只能忍受一个云服务商同时宕机。图 6.9(b)给出了不同数据文件大小下的可用性的对比结果。所提出算法的两个种群初始化策略都要优于 ACO。

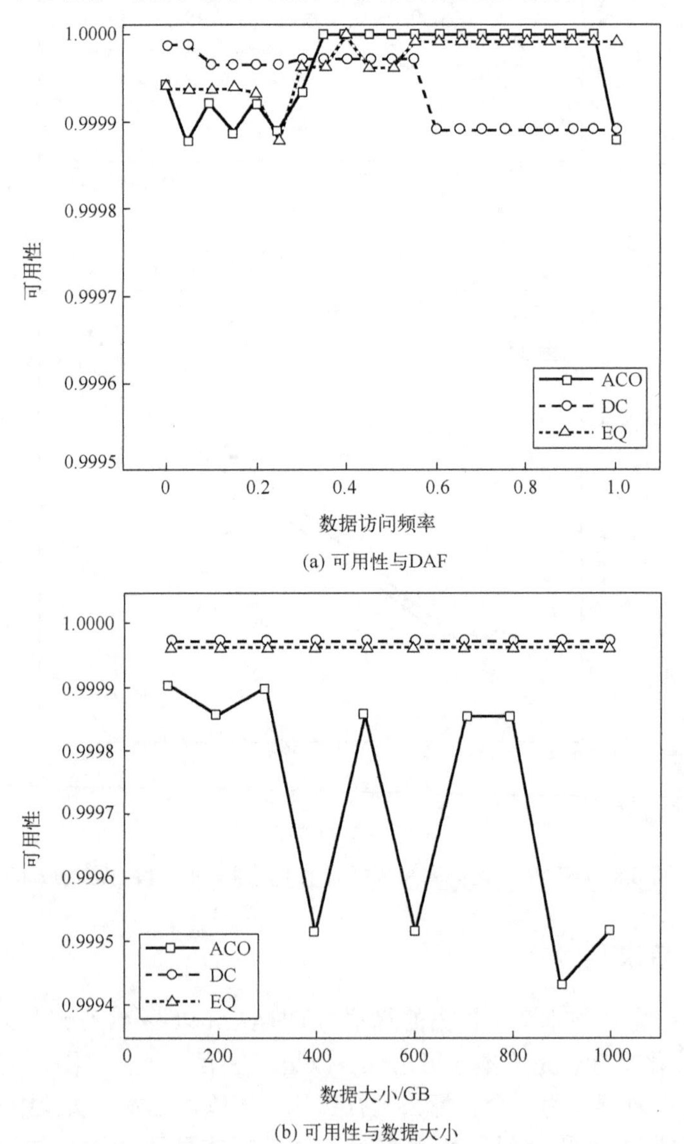

(a) 可用性与DAF

(b) 可用性与数据大小

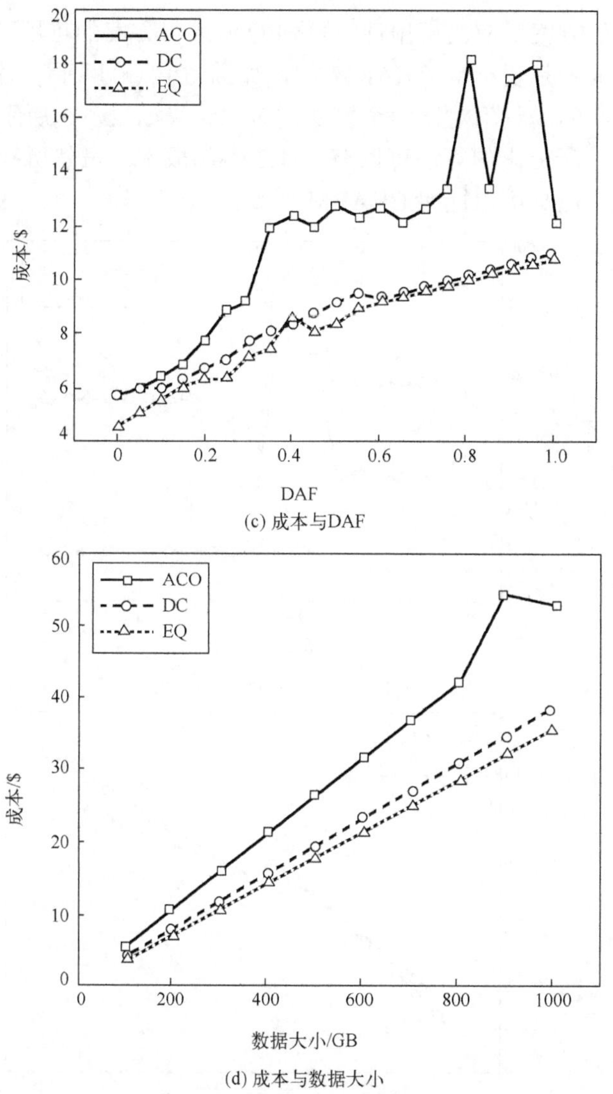

(c) 成本与DAF

(d) 成本与数据大小

图 6.9　所提出的算法与 ACO 的对比实验结果

本章也比较了在不同访问频率和数据文件大小下的成本对比结果。如图 6.9(c)所示，当访问频率为 0.6 时，所提出的策略 EQ 和 DC 分别能比 ACO 节省大约$3.56 和$3.44。图 6.9(d)给出了当成数据文件的大小从 100GB 增长到 1000GB 的条件下总成本的变化。本章所提出的策略 EQ 和 DC 可以求得比 ACO 成本更低的数据存储方案。当数据文件大小为 800GB 时，所提出的算法可以节省$10。

最后，使用不同的访问频率和数据文件大小评估策略 EQ 和 CHARM。由于 CHARM 的优化目标是在保证满足最低可用性的要求下使得总成本最低，所以从 Pareto 最优解集中找到可用性大于等于 CHARM 可用性的最优方案。图 6.10(a)描述了两个算法求解的方案对应的可用性。策略EQ所求得方案的可用性在大于CHARM的前提下，总的成本是要小于CHARM的，如图6.10(b)所示。另一个实验是在不同的数据文件大小的场景下对比两个算法，对比结果如表6.6所示。当数据文件大小为1000GB时，所提出的算法可以节约1.29%的成本。虽然所提出的算法在成本上的优势不明显，但是可用性比CHARM要高。

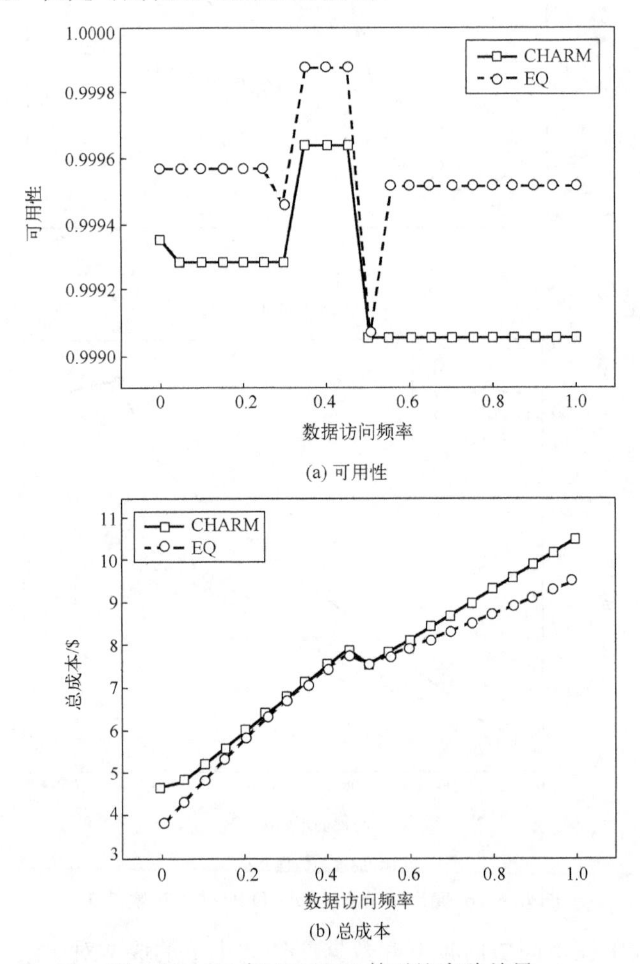

(a) 可用性

(b) 总成本

图6.10 EQ与CHARM的对比实验结果

表6.6 在变化数据大小情况下EQ与CHARM比较

数据文件大小/GB	可用性		总成本/$	
	CHARM	EQ	CHARM	EQ
100	0.9992856	0.9994588	3.39	3.34
200	0.9992856	0.9994588	6.77	6.68

续表

数据文件大小/GB	可用性		总成本/$	
	CHARM	EQ	CHARM	EQ
300	0.9992856	0.9994588	10.15	10.02
400	0.9992856	0.9994588	13.53	13.36
500	0.9992856	0.9994588	16.92	16.7
600	0.9992856	0.9994588	20.3	20.04
700	0.9992856	0.9994588	23.69	23.38
800	0.9992856	0.9994588	27.07	26.72
900	0.9992856	0.9994588	30.45	30.06
1000	0.9992856	0.9994588	33.84	33.4

6.7　本章小结

在本章中，采用了 Pareto 最优解集的思想去求解该问题。首先，本章给出了多云环境下数据优化存储的示意图；然后，定义了一个同时优化成本和可用性的多目标优化问题；接下来，提出了一个基于 NSGA-II 的方法解决定义的多目标优化问题，针对该问题的特性，提出了两种遗传算法的种群初始化策略，利用该方法得到的解是一系列非支配解；然后，使用基于信息熵的方法为用户推荐一个最优的数据存储方案。最后，在实验部分，首先对比了两种初始化种群策略在不同实验场景下的结果对比；然后与在多云环境下具有代表性的 CHARM 和第 5 章的工作 ACO 进行对比，均可以证明本章所提方法的有效性。

参考文献

[1] CloudHarmony. http://www.cloudharmony.com, 2017.

[2] Wu N, Li Z, Barkaoui K, et al. IoT-based smart and complex systems: a guest editorial report. IEEE/CAA Journal of Automatica Sinica, 2018, 5(1): 69-73.

[3] Ma J, Fan Z P, Huang L H. A subjective and objective integrated approach to determine attribute weights. European Journal of Operational Research, 1999, 112(2): 397-404.

[4] Shannon C E. A mathematical theory of communication. Bell System Technical Journal, 1948, 27(3): 379-423.

[5] Li H M, Yan P Z, Zhi W Z. Improved VIKOR algorithm based on AHP and shannon entropy in the selection of thermal power enterprise's coal suppliers//The International Conference on Information Management, Innovation Management and Industrial Engineering, Taipei, 2008.

[6] Wang T C, Lee H D. Developing a fuzzy TOPSIS approach based on subjective weights and objective weights. Expert Systems with Applications, 2009, 36(5): 8980-8985.

[7] Shemshadi A, Shirazi H, Toreihi M, et al. A fuzzy VIKOR method for supplier selection based on entropy measure for objective weighting. Expert Systems with Applications, 2011, 38(10):12160-12167.

[8] Thomas E, Zaigham M, Ricardo P. 云计算：概念、技术与架构. 北京：机械工业出版社, 2014.

[9] Wang P, Zhao C, Zhang Z. An ant colony algorithm-based approach for cost-effective data hosting with high availability in multi-cloud environments//Proceedings of the 15th International Conference on Networking, Sensing and Control (ICNSC), Zhuhai, 2018.

[10] Mansouri Y, Buyya R. To move or not to move: cost optimization in a dual cloud-based storage architecture. Journal of Network and Computer Applications, 2016, 75: 223-235.

第 7 章　多云环境下动态的数据优化存储

7.1　引　言

在第 5 章和第 6 章所提出算法的实验结果中，都得到了一个现象：数据的存储模式会随着数据访问频率的变化而变化。值得注意的是，本章使用数据中心表示云服务商在不同地区所提供的存储服务。在数据的存储周期中，数据的访问频率是随时间变化的。当数据的访问频率较高时，数据处于一个 hot-spot 状态，在这种情况下将数据存储到带宽价格更低的云数据中心会节约更多的成本；当数据的访问频率降低时，属于存储密集型，数据状态由 hot-spot 变为了 cold-spot，此时应该将数据存储到存储价格更低的云数据中心。如果用户将数据存储在访问频率很低时确定的云数据中心，那么当访问频率升高时用户需要支付高昂的带宽成本。因此根据数据访问频率的变化及时调整数据存储方案是非常重要的。

由于数据的未来访问频率是未知的，所以前两章的工作只是针对用户当前时间点的访问频率进行数据存储的优化。当用户的访问频率发生变化时，需要重新运行算法求解最优存储方案。这种手动调整的方式虽然在当前时间点能使得成本最低，但是由于数据迁移成本的存在，并不一定能使得整个存储周期所产生的总成本最低。因此，为了能够使数据存储整个周期所产生的成本最低，设计一个动态调整数据存储方案的方法非常有必要。首先，针对未来数据访问频率未知的问题，采取了基于 LSTM[1]的数据访问频率预测算法，其根据历史访问频率预测未来的访问频率；然后，基于预测的数据访问频率，提出了一种基于强化学习的数据优化存储方法，该方法的优化目标是最小化数据存储周期中产生的成本，包括存储成本、访问成本以及方案变化所产生的迁移成本。

7.2　场景示例及分析

7.2.1　动态的数据访问频率

数据对象的访问频率不是一成不变的，是随时间变化而变化的。本章收集了 NASA-HTTP 的数据集[2]，其描述的是 NASA 肯尼迪航天中心在佛罗里达州的服务器的 HTTP 请求，以 10 分钟为周期统计访问频率。图 7.1 描述了 1995 年 7 月 1 日到 1995 年 7 月 7 日期间的数据访问频率。数据访问频率最高与最低相差了 2 左右。晚上的访问频率比白天低很多，因此数据的存储方案需要根据访问频率的变化进行相应的调整。

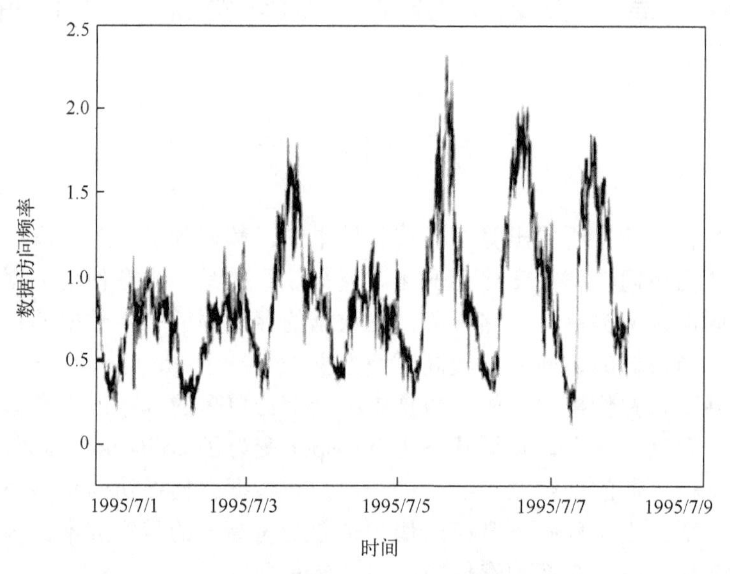

图 7.1 NASA-HTTP 数据集

7.2.2 异构的云市场

目前有很多云服务商都提供云存储服务，收集了四个主流的云服务商的价格策略：Amazon S3[3]、Microsoft Azure Cloud Storage[4]、Alibaba Cloud Object Storage[5]和 Google Cloud Storage[6], 如表 7.1 所示。可以看出，同一个服务商提供的相同功能的存储服务在不同地区的数据中心，其价格是不同的。不同服务商之间相同服务的价格也不同。除此之外，存储成本低的数据中心其带宽成本可能比较高。如果用户希望其数据可用性高，那么他们需要支付更高的成本。

表 7.1 每个云服务商的存储价格、带宽价格和 Get 操作价格

云存储服务		存储价格/$/GB	带宽价格/$/GB	Get 操作价格/$/10k 次
Amazon S3	纽约	0.0125	0.05	0.004
	东京	0.019	0.12	0.0037
	伦敦	0.0131	0.05	0.0042
Microsoft Azure Cloud Storage	纽约	0.0208	0.02	0.004
	都柏林	0.022	0.02	0.0044
	香港	0.024	0.09	0.004

续表

云存储服务		存储价格/$/GB	带宽价格/$/GB	Get 操作价格/$/10k 次
Alibaba Cloud Object Storage	北京	0.0226	0.117	0.001
	旧金山	0.02	0.076	0.001
	悉尼	0.0209	0.13	0.002
Google Cloud Storage	亚特兰大	0.026	0.02	0.004
	圣吉斯兰	0.026	0.02	0.004

7.2.3 讨论

动态变化的数据访问频率要求数据方案动态地调整。当访问频率低时，数据更适合存储在存储价格低的数据中心，但是这些数据中心的带宽价格可能比较高。假设访问频率低时所选择的云存储方案为 Amazon S3 在纽约、东京和伦敦的数据中心，随着时间的流逝，数据访问频率升高。但是这三个数据中心的带宽价格非常高，如果此时用户提前将数据迁移到带宽成本低的数据中心上，则可以节约很多额外的带宽成本。在数据的动态存储中，根据当前的访问频率所得到的最优方案(即贪婪策略)可能不会使得整个存储周期的成本最低，因为数据需要在不同的数据方案之间进行迁移，所以利用贪婪策略得到的方案可能会产生巨额的迁移成本。

为了能够使数据存储周期所产生的总的成本最低，本章提出了一种多云环境下动态的数据优化存储方法。该方法首先基于历史的数据访问频率预测将来的数据访问频率；然后，基于强化学习的数据优化存储算法利用预测的数据给出一个动态的数据存储方案，即何时数据应该迁移到“何地”。

7.3 问题定义及模型

在本节中，首先给出了多云环境下动态的数据优化存储的示意图，然后给出相关的定义，并给出了最后的优化模型。

7.3.1 示意图

图 7.2 描述了多云环境下动态的数据优化存储整个过程，主要包含了四个部分：云服务商信息收集模块(Cloud Storage Information Collection)、优化模块(Optimization Module)和预测模块(Prediction Module)。

云服务商信息收集模块主要是从各大云服务商的官网收集其相关信息，包括存储价格、带宽价格、操作价格等。

优化模块的输入是用户的需求和云服务商的价格信息等，其中用户的需求包括要存储的数据对象的大小、要求的最低可用性、初期的数据访问频率等。该模块的输出是接下来一段时间内每个时间段的数据存储方案以及最后的成本。

预测模块根据用户历史的数据访问频率预测将来的访问频率，然后将预测的数据交给优化模块，以便于其进行下个阶段的优化。

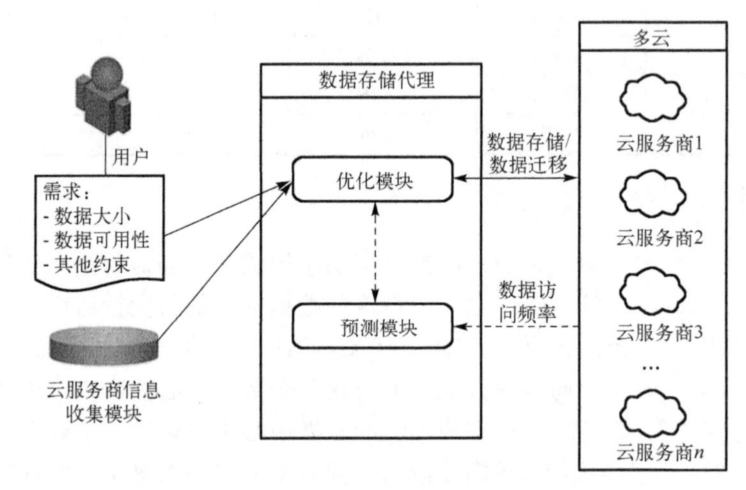

图 7.2　多云环境下动态的数据优化存储示意图

7.3.2　问题定义

为了更好地描述多云环境下动态的数据优化存储，首先给出一系列定义。

定义 7.1　数据中心。假设有 N 个数据中心 $\mathrm{DC}=\{d_1,d_2,\cdots,d_N\}$。每个数据中心有一个元组 $\{P_d^s,P_d^b,P_d^o,a_d,L_d\}$，其中

(1) P_d^s 表示数据中心 d 的存储价格；

(2) P_d^b 表示数据中心 d 的带宽价格；

(3) P_d^o 表示数据中心 d 的 Get 操作价格；

(4) a_d 表示数据中心 d 的可用性；

(5) L_d 表示数据中心 d 的位置包括经度和纬度。

定义 7.2　数据对象。数据对象包括照片、视频、网页等其他多媒体文件。假设用户需要存储的数据对象大小为 S，数据访问频率为 $r(t)$，其中 $t\in[1,T]$，所要求的最低可用性为 A_{req}，要求数据访问的最高延迟为 L_{req}。

在本章中，同样使用纠删码提高数据的可用性、防止供应商锁定等风险。关于纠删码的定义与前两章相同，不再赘述。接下来，给出关于数据可用性以及成本的定义，在前两章的基础上增加了时间的维度。

定义 7.3　数据可用性。由于用户可以接受不超过 $(n-m)$ 个数据中心同时宕机，所以数据的可用性等于 k 个数据中心同时可用的所有情况的可能性的总和，其中 $k\in[m,n]$。假设 $D(t)=\{d_1,d_2,\cdots,d_n\}$ 表示在 t 时刻所选择进行数据块存储的数据中心。

使用 $\Theta=\binom{|D(t)|}{k}$ 表示 k 个云服务商同时可用的情况总数，D_j^{Θ} 表示所有 Θ 种情况中的第 j 种。数据在 t 时刻的可用性 $A(t)$ 的计算公式如下

$$A(t)=\sum_{k=m}^{n}\sum_{j=1}^{\Theta}\left[\prod_{d\in D_j^{\Theta}}a_d\prod_{d\in D(t)\setminus D_j^{\Theta}}(1-a_d)\right] \tag{7-1}$$

其中，$D(t)\setminus D_j^{\Theta}$ 表示在 $D(t)$ 中但不在 D_j^{Θ} 中的数据中心。

定义 7.4　存储成本。在时刻 t 的存储成本为 n 个数据中心存储成本总和，计算方式如下

$$P_{\text{stor}}(t)=\sum_{d\in D(t)}\frac{S}{m}P_d^s \tag{7-2}$$

其中，$\frac{S}{m}$ 表示每个数据中心所存储的数据块的大小。

定义 7.5　带宽成本。与前两章类似，用户只需要选择带宽成本最低的 m 个数据中心进行数据访问。所以在 t 时刻的带宽成本为

$$P_{\text{net}}(t)=\min_{j\in[1,\Theta]}\sum_{d\in D_j^d(t)}\frac{S}{m}r(t)P_d^b \tag{7-3}$$

定义 7.6　操作成本。Get 操作的成本计算方式如下

$$P_{\text{op}}(t)=\min_{j\in[1,\Theta]}\sum_{d\in D_j^d(t)}r(t)P_d^o \tag{7-4}$$

其中，公式(7-3)和公式(7-4)中 j 的取值是相同的。

定义 7.7　基础成本。基础成本包括存储成本、带宽成本以及操作成本。

$$C_B(t)=P_{\text{stor}}(t)+P_{\text{net}}(t)+P_{\text{op}}(t) \tag{7-5}$$

定义 7.8　迁移成本。不同的数据访问频率会有不同的方案。如果用户继续使用之前的方案存储数据，可能会产生高昂的带宽成本或者存储成本。因此，根据访问频率的变化动态地调整数据的存储方案能为用户节约成本。但是数据存储方案的变化需要进行数据迁移，迁移也需要支付一定的成本。当有新的数据存储方案时，不一定要进行数据迁移，只有满足迁移之后所节约下来的成本大于迁移成本时才会迁移到新的数据中心。使用 $D(t-1)\setminus D(t)$ 表示需要进行迁移的数据中心。迁移成本的计算方式如下

$$C_M(t)=\sum_{d\in D(t-1)\setminus D(t)}\left(\frac{S}{m}P_d^b+P_d^o\right) \tag{7-6}$$

其中，进行数据迁移需要满足的条件为

$$C_B(t-1)-C_B(t) \geqslant C_M(t) \tag{7-7}$$

定义 7.9　数据访问延迟。定义在 t 时刻进行数据访问的数据中心为 $D_r(t)$。由于用户需要 m 个数据块恢复数据，所以数据访问延迟为 $D_r(t)$ 中数据中心延迟的最大值。因为数据访问过程的延迟主要是网络带宽产生的，所以使用 RTT(Round-Trip Time)[7-9]计算数据访问延迟。计算方式如下

$$l(t)=\max_{d \in D_r(t)}\{5+0.02\text{Distance}(d)\} \tag{7-8}$$

其中，$\text{Distance}(d)$ 表示用户和数据中心的距离。

7.3.3　优化问题

在本章中，所提出的方法的目标是求解每一时刻的数据存储方案 $D(t)$ 使得存储周期总成本最低。因此，整个优化问题可以定义如下

$$\min_{D(t)} \sum_{t \in [1,T]} (C_B(t)+C_M(t)) \tag{7-9}$$

s.t.

$$|D(t)|=n, \quad \forall t \in [1,T] \tag{7-10}$$

$$A(t) \geqslant A_{\text{req}}, \quad \forall t \in [1,T] \tag{7-11}$$

$$l(t) \leqslant L_{\text{req}}, \quad \forall t \in [1,T] \tag{7-12}$$

其中，公式(7-10)表示有 n 个数据中心，每个数据中心只能存储一个数据块；公式(7-11)和公式(7-12)要求每个时刻所求得的数据存储方案必须满足用户的可用性和延迟要求。

7.4　解 决 方 法

本节给出了本章解决多云环境下动态的数据优化存储问题所使用的方法。首先，提出了一个基于 LSTM 的数据访问频率预测算法；然后，为了能解决上述优化问题，本章提出了一个基于 Q-Learning 的数据优化存储方法。

7.4.1　数据访问频率的预测

机器学习中有很多算法可以用来进行预测，由于 LSTM 被广泛使用在预测问题中并取得了较好的结果，本章也使用 LSTM 预测用户未来的数据访问频率。

由于在之前的工作中使用了基于滑动窗口分割数据的 LSTM 进行云竞价实例的价格预测，并且取得了较好的结果，所以，在此也使用滑动窗口对历史数据访问频

率的数据进行分割。假设历史的访问频率为 $r=[r(1),r(2),\cdots,r(l_p)]$，其中 l_p 表示历史数据的长度。

定义 7.10　样本数量。使用滑动窗口的方法把历史数据集划分为多个样本。假设滑动窗口的宽度为 l_{sw}，预测的数据的长度为 l_{pw}，为了保证数据划分的准确性，设置每次滑动的步长等于所预测数据的宽度。所以使用滑动窗口划分数据集所产生样本的数量为

$$n_r=\left\lfloor \frac{l_p-l_{\text{sw}}}{l_{\text{pw}}} \right\rfloor \tag{7-13}$$

假设所得到的分割之后的样本为 $R=\{R_1,R_2,\cdots,R_{n_r}\}$，其中 $R_i=(\boldsymbol{x}_i,\boldsymbol{y}_i)$。使用 LSTM 的目的是根据历史数据预测未来的访问频率，即寻找一个公式，其功能如下

$$\boldsymbol{y}_i=f(\boldsymbol{x}_i),\quad 1\leqslant i\leqslant n_r \tag{7-14}$$

7.4.2　数据优化存储

数据优化存储方法的目的是获取一个使得总成本最低的动态数据存储方案。假设 $D=\{D_1,D_2,\cdots,D_{|D|}\}$ 表示在每个时刻所有候选的数据存储方案，其中 $|D|=\binom{|DC|}{n}$，值得注意的是，由于云数据中心的个数是确定的，那么在每个时刻的全部方案也是固定的。用 D^* 表示从 1 到时刻 T 所得到的最优方案，其中 $\left|D^*\right|=T$。$[1,T]$ 周期内的数据存储过程如图 7.3 所示。

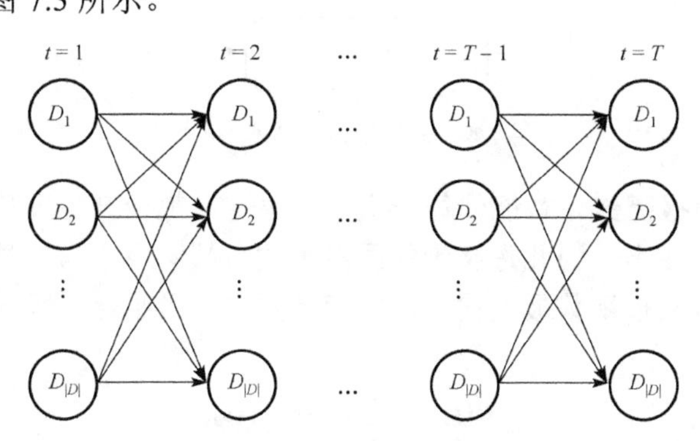

图 7.3　[1,T] 周期内的数据存储

对于每个 D_i，它是具有马尔可夫性的。这是因为下一时刻方案的选择只与当前时刻所选择的方案有关，与之前所有时刻的都没有关系。该性质可以表达如下[10]

$$\boldsymbol{P}[D(t+1)|D(t)]=\boldsymbol{P}[D(t+1)\,|\,D(1),D(2),\cdots,D(t)] \tag{7-15}$$

在数据的存储过程中，成本是直接影响方案的选择。本章所解决的问题事实上

就是一个序贯决策的问题，即针对每个时刻做出相应的数据存储方案选择。可以将其归纳为马尔可夫决策过程(Markov Decision Process, MDP)，并使用强化学习的方式解决。针对本章的数据优化存储问题的马尔可夫决策过程可以定义为一个五元组$\{D,A,\boldsymbol{P},R,\gamma\}$[11]：

(1) D表示状态集合，即每个时刻可供选择方案集合；

(2) A表示动作集合，即下一时刻所能选择的方案集合；

(3) $\boldsymbol{P}$表示状态转移概率矩阵，$\boldsymbol{P}_{DD'}^{a}=\boldsymbol{P}[D(t+1)=D' \mid D(t)=D, A(t)=a]$表示在时刻$t$所选方案为$D$采取动作$a$导致下一时刻方案为$D'$的概率；

(4) R表示奖励函数，$R(D,a,D')$表示从方案D采取动作a转移到方案D'所得到的奖励，在本问题中，奖励是负的，表示方案之间的迁移成本。

(5) γ为衰减因子，其中$\gamma \in [0,1]$。

强化学习的目的是基于马尔可夫决策过程求解一个最优的策略，其基本架构如图 7.4 所示。智能体根据当前的状态、奖励回报以及环境的状态做出下一个时刻的决策[10]。依此类推，智能体不断与环境进行交互，做出新的决策，而决策又可以改善自身的行为，经过多次实验，可以找到使得回报最大的策略。

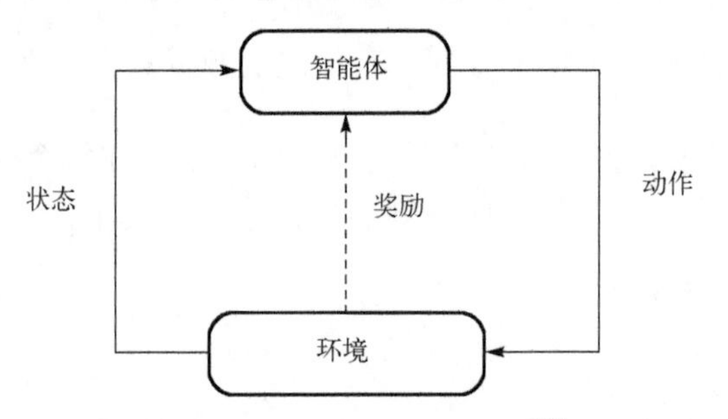

图 7.4　强化学习基本架构[10]

定义 7.11　回报函数。智能体每一次做出决定，都会产生迁移成本以及下一阶段需要支付的基本成本，因此每一步的回报函数为基本成本与迁移成本之和。由于强化学习是要使得回报函数最大化，而本章是要成本最小化，因此使用负的成本作为奖励函数

$$R(t)=-C_B(t)-C_M(t) \tag{7-16}$$

所以，关于本问题的强化学习的目标为

$$J_{D^*}=\max_{D} E_D\left[\sum_{t=1}^{T}\gamma^t R(t)\right] \tag{7-17}$$

Q-Learning 是一个基于时间差分(Temporal-Difference，TD)的强化学习算法，其借鉴了动态规划中的自举算法的思想来解决蒙特卡罗搜索中每一次经验都要等到

试验终止状态出现才能得到的缺点，融合了蒙特卡罗的采样方法和动态规划的自举算法[14]。本章使用异策略时间差分方法，即行动策略和目标策略是不同的。文献[13]对 Q-Learning 的值函数定义如下

$$Q(S,A) \leftarrow Q(S,A) + \alpha[R + \gamma \max_a Q(S',a) - Q(S,A)] \tag{7-18}$$

正如之前提到的，可以将基于时间决策的数据优化存储转化为一个马尔可夫决策过程，并且采取 Q-Learning 方法去解决。为了实现这个目的，将数据优化存储转化为一个马尔可夫决策过程是首要的条件。因此本章首先提出算法 TDM 实现这个过程。为了满足限制公式(7-11)和公式(7-12)，根据每个方案的可用性和延迟对其进行筛选(第 5 行)。在数据的存储过程中，数据的访问频率是随时间变化的，这会导致价格的波动。然后，计算每个符合限制条件的方案(D_s)在每个时刻的基础成本矩阵 **SM**（第 7～10 行）。最后计算所有符合限制条件的方案之间进行迁移的成本矩阵 **TM**（第 13～17 行），其中该矩阵的大小为$|D_s|\times|D_s|$。

算法 TDM：将数据优化存储转化为马尔可夫决策过程

输入：数据中心 DC，数据访问频率 $r(t)$，要求的可用性 A_{req}，要求数据访问的延迟 L_{req}

输出：基础成本矩阵 **SM**，迁移成本矩阵 **TM**

1：$D \leftarrow$ 计算数据中心 DC 的所有 n-组合
2：**For all** $c \in D$ **do**
3：　　通过公式(7-1)计算 c 的可用性 ava(c)
4：　　通过公式(7-8)计算 c 的延迟 latency(c)
5：　　**If** ava(c) $\geqslant A_{\text{req}}$ and latency(c) $\leqslant L_{\text{req}}$ **then**
6：　　　　D_s.append(c)
7：　　　　**For** $t=1$ to T **do**
8：　　　　　　通过公式(7-5)计算 c 的基础成本 $C_B^c(t)$
9：　　　　　　**SM**$[c][t]=C_B^c(t)$
10：　　　　**End for**
11：　　**End if**
12：**End for**
13：**For all** $c1 \in D_s$ **do**
14：　**For all** $c2 \in D_s$ **do**
15：　　**TM**$[c1][c2] \leftarrow$ 通过公式(7-6)在 $c1$ 和 $c2$ 之间计算迁移成本
16：　**End for**
17：**End for**
18：**Return SM, TM**

与传统的马尔可夫决策过程不同的是，本问题的回报函数不仅包括状态之间迁移产生的回报，还包括每个状态的回报。除此之外，传统的 Q-Learning 解决问题所定义的 Q 表是一个二维表格，其索引为状态-行为值函数。由于本章解决的是一个基于时间的序贯决策问题，因此 Q 表还有一个维度——时间，即本章的 Q 表存储的是何时的状态行为值函数。算法 DPQ 描述的是基于 Q-Learning 的数据优化存储方法。Q 表是智能体选择下一个动作的参考依据，因此该算法核心就是 Q 表的计算和更新。Q 表的更新策略如公式(7-18)所示。Q-Learning 是异策略的，即行动策略为 ϵ-greedy，目标策略为贪婪策略(第 7 行、第 10 行)。当迭代完成时，找出所有试验中成本最低对应的数据存储方案(第 15 行)。

算法 DPQ：基于 Q-Learning 的数据优化存储方法

输入：基础成本矩阵 **SM**，迁移成本矩阵 **TM**

输出：$t \in [1,T]$ 时间内的最优数据存储方案 D^*

1：初始化算法参数包括学习率 α，衰减因子 γ，行动策略 ϵ， epochs

2：用 0 初始化 Q 表

3：$s \leftarrow$ 初始化起始状态

4：**For** $e=1$ to epochs **do**

5：　　**For** $t=1$ to T **do**

6：　　　　fSet $\leftarrow$ 通过公式(7-7)选择可行数据存储方案

7：　　　　通过 ϵ-greedy 从 fSet 选择一个数据存储方案 $D(t)$

8：　　　　Append $D(t)$ into Seq[e]

9：　　　　获得下一个状态 s_{next}，奖励 $r(t)$ 和下一个动作 A_{next}

10：　　　　$Q(t,s,D(t)) = Q(t,s,D(t)) + \alpha(-\mathbf{TM}[s,D(t)] - \mathbf{SM}[D(t),t] + \gamma \max(Q[t+1, s_{\text{next}}, A_{\text{next}}]) - Q[t,s,D(t)])$

11：　　　　$s = s_{\text{next}}$

12：　　　　Take ϵ decay

13：　　**End for**

14：**End for**

15：$D^* \leftarrow$ 在 Seq 中找到成本最低的序列

16：**Return** D^*

7.5　实验及其分析

在本节中，首先给出了实验过程中所用到的数据集的信息；然后，提出了一个基于贪婪策略的数据存储方案选择算法证明对数据访问频率进行预测的必要性；由于蚁群算法(ACO)和动态规划(DP)是最常用于求解类似问题的方法，并且动态规划在文献[7]中被证明可以求得最优解，因此，最后将所提出的算法与这两个算法进行对比。

7.5.1　实验设置

本小节首先介绍所使用到的数据访问频率的数据集、云数据中心的信息以及实验参数设置。

(1)数据访问频率。收集了 NASA-HTTP 的数据集[2]，其描述的是 NASA 肯尼迪航天中心在佛罗里达州的服务器从 1995 年 7 月 1 日到 1995 年 8 月 31 日的 HTTP 请求。数据集中的每一条数据代表一个请求，信息包括主机号、时间戳、请求类型、HTTP 响应码以及返回的数据大小。为了获取数据的访问频率，统计了一个特定时间周期内 Get 请求的数量，在实验中该周期设置为 10 分钟。按照 7∶3 的比例划分为训练集和测试集进行 LSTM 的训练。

(2)云数据中心。云数据中心的信息都是从各大云服务商的官网[3-6]上获取的，信息包括存储价格、带宽价格、Get 操作价格以及数据中心所在地区的经纬度。整个数据集来自 5 个云服务商的 18 个数据中心，其中 5 个是 Amazon S3(AWS)，3 个是 Microsoft Azure Cloud Storage(AZ)，4 个是 Google Cloud Storage(GO)，4 个是 Alibaba Object Cloud Storage(AL)，3 个是 IBM Cloud Storage(IBM)。相同云服务商的不同数据中心都在不同的地区。例如，IBM-US-D、IBM-EU-A 和 IBM-AP-C 是云服务商 IBM 的三个数据中心，其中 US、EU、AP 分别代表美国、欧洲以及亚太地区，D、A 以及 C 是达拉斯、阿姆斯特丹以及金奈的缩写。与前两章相同，在本章中，同样对数据中心的可用性进行模拟，其取值范围在[95.0%, 99.9%]。

(3)实验参数。在实验中，选择(3, 5)-erasure coding 作为数据分割方式。LSTM 中滑动窗口的长度为 12。用户所要存储的数据对象大小初始化为 200GB，要求的最低可用性为 99.9%，数据的延迟不超过 500ms。

7.5.2　算法评估

在数据访问频率随时间变化时，如果缺少将来的访问频率数据，则无法得到一个全局最优解，只能根据当前的频率选择一个最优的成本。但是这种贪婪策略并不能得到全局最优的方案。在本章所提出的方法中，首先根据历史的数据访问频率预测未来的数据，然后使用基于 Q-Learning 的算法求解全局最优解。求解全局最优解的过程中可能会存在为了最终的目标会在某一时刻所选择的方案不是最优的情况。为了证明所提出算法对未来访问频率的预测的必要性，给出了基于贪婪策略求解的算法 SOA。

算法 SOA 的输入为之前求解得到的基础成本矩阵和迁移成本矩阵。基于这两个矩阵，算法 SOA 在刚开始的时刻选择基础成本最低的方案(第 1 行)；然后，该算法基于当前的方案选择总成本最低的方案，即下一时刻方案的基础成本与迁移成本之和最少(第 3 行)。事实上，该算法所得到的解是局部最优解。

算法 SOA：基于贪婪策略求解的数据放置优化

输入：基础成本矩阵 **SM**，迁移成本矩阵 **TM**

输出：在 $t \in [1,T]$ 时间内的最优数据存储方案 D^*

1：$D(0) \leftarrow$ 计算 $\mathbf{SM}[:,0]$ 中具有最低成本的数据存储方案

2：**For** $t=1$ to $T-1$ **do**

3：　　$D(t) \leftarrow$ 用 $\min(\mathbf{TM}[D(t-1),:]+\mathbf{SM}[:,t])$ 找到解决方案

4：**End for**

5：$D^* = D[0:T-1]$

6：**Return** D^*

基于数据访问频率的预测，所提出的算法可以求得全局最优解，而 SOA 只能求得局部最优解。本章对比了不同的数据对象大小下两个算法所得方案对应的成本，如表 7.2 所示。很显然提出的算法 ADPA 所求方案对应的成本分别比 SOA 节约了 \$15.32、\$30.09、\$44.86、\$59.64、\$74.41。由于将来数据访问频率是未知的，SOA 只能根据当前的访问频率选择总成本最低的方案，当前最优的选择可能会导致整个存储周期总成本的增加。相比较来说，基于 Q-Learning 的 ADPA 不仅会根据当前的成本选择方案，还会考虑其对未来的影响。该方法会为了长远的成本最低而牺牲当前的利益，去选择成本相对较高的存储方案。

表 7.2　不同数据对象大小下 ADPA 与 SOA 的对比

数据对象大小/GB	ADPA	SOA
100	1027.01	1042.33
200	2052.43	2082.52
300	3077.85	3122.71
400	4103.26	4162.90
500	5128.68	5203.09

表 7.3 描述的是两种算法在不同数据访问延迟要求下所求得方案对应的成本，其中数据访问延迟从 200ms 增加到 500ms，时间长度为 12(T=12)，数据大小为 200GB。可以看出，所提出的算法在不同的延迟要求下也要比 SOA 节约成本。除此之外，随着延迟要求的提高，两种算法所求得的最优方案对应的成本都在降低，ADPA 在 500ms 下的方案比 200ms 下节约了 18.6%的成本。出现这种情况的原因是当数据访问延迟要求变低时，ADPA 可以去探索一些距离用户较远的且成本较低的

数据中心；而当延迟要求变高时，算法只能在用户附近的数据中心去寻找最优方案来满足严格的延迟要求，这样缩小了寻找范围，成本就会增加。

表 7.3　不同数据访问延迟要求下 ADPA 与 SOA 的对比

数据访问延迟/ms	ADPA	SOA
200	6305.49	6370.93
300	5128.68	5203.09
400	5128.68	5203.09
500	5128.68	5203.09

7.5.3　实验结果及分析

在本小节中，为了证明本章方法的性能，对比了 ADPA、ACO 和 DP 三种算法在未来访问频率已知的情况下不同实验场景下成本和时间性能上的结果。

(1) 变化的数据大小。

通过将数据大小从 100GB 增加到 500GB 评估 ADPA 算法的性能。表 7.4 描述了三种算法所得到的方案对应的成本。可以看出三种算法在不同数据大小下所求得的方案对应的成本都是相同的。由于 DP 算法是可以求得最优解的，所以可以证明 ADPA 在方案求解上的正确性。为了证明 ADPA 的优势，将三种算法求到最优解所需要的时间展示在图 7.5 中。可以看出 ACO 所需要的时间要大于 ADPA 和 DP，算法 ADPA 除了在数据大小为 200GB 时比 DP 高，其余均优于 DP。

表 7.4　不同数据大小下三种算法的对比

数据对象大小/GB	ADPA	ACO	DP
100	1027.01	1027.01	1027.01
200	2052.43	2052.43	2052.43
300	3077.85	3077.85	3077.85
400	4103.26	4103.26	4103.26
500	5128.68	5128.68	5128.68

(2) 变化的时间长度 T。

探索时间长度对算法结果和时间的影响。假设数据大小、数据访问延迟限制和可用性限制分别为 500GB、500ms 和 0.999。表 7.5 给出了 T 从 10 增加到 18 时三种算法得到的最优方案的成本。本章所提出的算法 ADPA 可以取得和 DP 一样的最优结果，而 ACO 在 T=10 时所得的方案成本比最优的高了$1.79。在时间方面，在 T=10、12、14、18 时，ADPA 和 DP 能比 ACO 节约超过 50%的时间。对于 ADPA 和 DP 来说，除了 T=10，本章所提出的算法的运行时间均只有 DP 算法的 50%，即本章的算法可以在最短的时间求解到最优的方案，如图 7.6 所示。

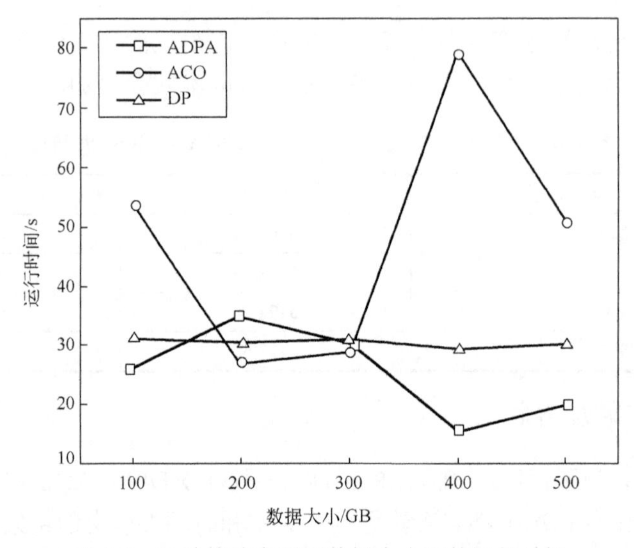

图 7.5　三种算法在不同数据大小下的运行时间

表 7.5　不同时间长度下三种算法的对比

T	ADPA	ACO	DP
10	4810.66	4812.45	4810.66
12	5128.68	5128.68	5128.68
14	5257.84	5257.84	5257.84
16	5440.86	5440.86	5440.86
18	5829.35	5829.35	5829.35

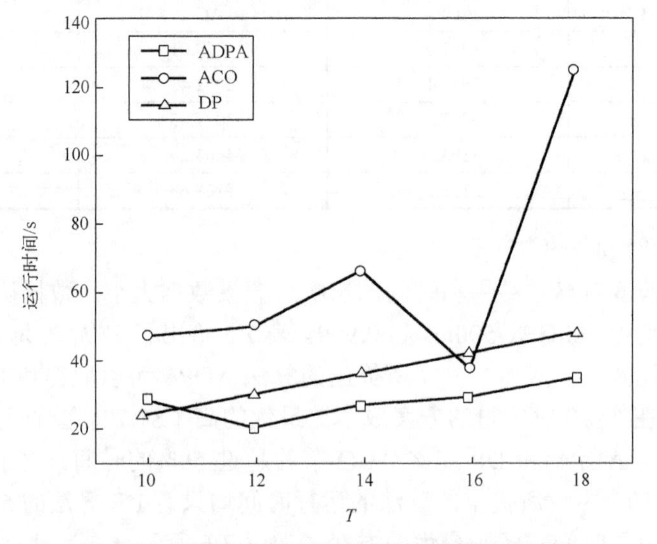

图 7.6　三种算法在不同时间长度下的运行时间

(3)变化的数据中心数量。

通过改变云数据中心的数量来进行实验。云数据中心的变化是指在上一个云数据中心中添加新的数据中心，例如，当 N=10 时，此时数据中心为 DC = {3,9,16,15,14,6,7,12,8,4,0,10}，当 N=11 时添加编号为 13 的数据中心。随着 N 的增加，可供选择方案增多，这种变化不仅会影响总的成本，还会影响算法的运行效率。当 N 从 12 变到 15 时，可供选择的存储方案数量分别为 792、1287、2002、3003。该场景下三种算法的方案对应的成本如表 7.6 所示，其中数据对象大小为 500GB，数据访问延迟为 500ms，时间长度 T=12。当 N=12、13 时，算法 ADPA 和 ACO 均可以求解到最优方案，但是当 N=13、14 时，ADPA 和 ACO 所得方案的成本分别比最优方案高了$0.99、$1.23。但是从图 7.7 中，可以看出 ADPA 的运行时间在所有 N 的取值上都要小于其他两个算法，即求解最优方案的效率要高于 ACO 和 DP。

表 7.6　不同数据中心数量下三种算法的对比

N	ADPA	ACO	DP
12	5128.68	5128.68	5128.68
13	3694.12	3694.12	3694.12
14	2593.18	2593.42	2592.19
15	2593.18	2593.42	2592.19

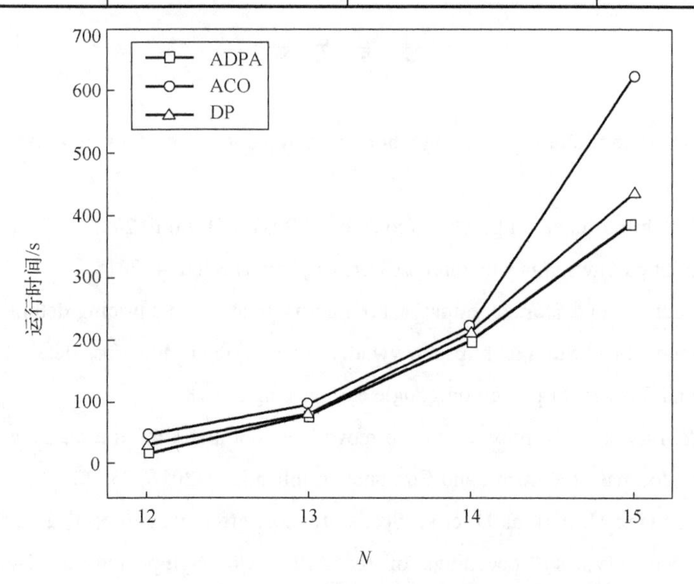

图 7.7　三种算法在不同数据中心数量下的运行时间

7.6 本章小结

根据前两章的工作，数据访问频率的变化会导致最优数据方案的变化。当数据访问频率较低时，数据存储在存储价格低的数据中心会节约成本；当数据访问频率升高时，存储在带宽价格低的数据中心会节约成本。如果用户不根据数据访问频率的变化去调整数据存储方案，那么可能需要支付高昂的带宽成本或者存储成本。因此用户需要一个动态调整的数据存储方案。由于未来数据访问频率的不确定性，数据存储方案只能根据当前的访问频率去计算，这样求得的方案虽然能使得当前时刻成本最低，但是并不能使得整个存储过程所产生的总成本最低，因为方案的变化会产生额外的迁移成本。为了解决上述问题，本章提出了一个多云环境下动态的数据优化存储算法使数据存储过程中产生的存储成本、访问成本、Get 操作成本以及方案变化导致的数据迁移成本最低。由于将来的数据访问频率是未知的，所以 ADPA 首先使用 LSTM 预测未来的数据访问频率；然后，提出了一种基于 Q-Learning 的数据优化存储算法，该算法基于 LSTM 预测的数据访问频率去计算使整个存储过程总成本最低的一系列数据存储方案；最后，基于真实的 NASA-HTTP 和云数据中心的数据集，通过丰富的实验证明 ADPA 不仅优于基于贪婪策略进行优化的 SOA，还能比 ACO 和 DP 更快地求得最优数据存储方案。

参考文献

[1] Hochreiter S, Schmidhuber J. Long short-term memory. Neural Computation, 1997, 9(8): 1735-1780.

[2] NASA-HTTP. http://ita.ee.lbl.gov/html/contrib/NASA-HTTP.html, 2018.

[3] Amazon S3. https://aws.amazon.com/cn/s3/pricing/?nc=sn&loc=4, 2018.

[4] Microsoft Azure Cloud Storage. https://azure.microsoft.com/en-us/pricing/details/storage/, 2018.

[5] Alibaba Cloud Object Storage. https://www.aliyun.com/price/product/oss/detail, 2018.

[6] Google Cloud Storage. https://cloud.google.com/pricing/, 2018.

[7] Mansouri Y, Buyya R. To move or not to move: cost optimization in a dual cloud-based storage architecture. Journal of Network and Computer Applications, 2016, 75: 223-235.

[8] Wu Z, Butkiewicz M, Perkins D, et al. Spanstore: cost-effective geo-replicated storage spanning multiple cloud services//Proceedings of the 24th ACM Symposium on Operating Systems Principles, Farminton, 2013.

[9] Wu Y, Wu C, Li B, et al. Scaling social media applications into geo-distributed clouds. IEEE/ACM Transactions on Networking, 2015, 23(3): 689-702.

[10] Sutton R S, Barto A G. Reinforcement Learning: An Introduction. Cambridge: MIT Press, 2018.

[11] Bellman R. A Markovian decision process. Journal of Mathematics and Mechanics, 1957, 6(5): 679-684.

[12] Liu C, Xu X, Hu D. Multi objective reinforcement learning: a comprehensive overview. IEEE Transactions on Systems, Man, and Cybernetics: Systems, 2015, 45(3): 385-398.

[13] Watkins C J C H, Dayan P. Q-learning. Machine Learning, 1992, 8(3-4): 279-292.

[14] 郭宪, 方勇纯. 深入浅出强化学习原理入门. 北京: 电子工业出版社, 2018.

第 8 章　多云环境下空间众包数据的优化放置

8.1　引　　言

作为一种极具潜力的新的社会范式，众包广泛应用于数据收集、检索和问答等场景，在环境数据收集[1]、交通[2]、新闻业[3, 4]等领域，其帮助收集了不少有价值的数据。与此同时，随着移动设备的广泛普及，GPS、音视频等传感器的出现为众包数据采集提供了更多的可能。著名的天气应用程序 Dark Sky[5]就是一个典型的例子，其采用众包模式来提高天气预报的准确性，鼓励用户使用智能手机提供来自气压计传感器的数据。通过对这些数据进行过滤和整合，可以提供短时间内更准确的天气预报服务。另一个例子是开放地图标注平台 OpenStreetMap[6]，它试图通过来自世界各地的志愿者的共同努力创建一个免费、开源、可编辑的地图服务平台。参与者需要使用他们的移动设备记录到访过的一系列地点，并将对应的 GPS 信息和照片数据上传到平台上。通过对上述应用进行分析，可以很容易发现它们之间的共同点，即众包任务的参与者具有明显的地理位置属性，并且其地理分布往往跨越较大的区域，可能跨越地区、城市甚至若干个国家。此外，众包工人之间可能存在某种协作关系(验证彼此的信息或者预处理数据)。事实上，通常将这种与地理位置密切相关的众包应用称为空间众包[7, 8]。

在空间众包场景中，如此庞大的用户规模和海量的用户数据需要大量的计算和存储资源。为了降低维护成本、提高服务等级协议，利用云环境提供有效的存储服务已经成为一种必要的手段。然而对于空间众包应用来说，由于大规模、广域分布的用户和海量非结构化的数据所带来的严峻挑战，仅仅依靠单云很难提供可靠的服务，此外单云还面临着供应商锁定、高延迟和隐私泄露等风险[9-11]。因此，作为解决上述问题的有效途径之一，多云自然成为提供众包数据存储可靠服务的首选。考虑到云服务提供商们已经提供了许多具有不同价格、设施和地理位置的公有数据中心，如 Amazon S3、Google Storage 和 Microsoft Azure Storage 等，众包服务提供商可以自由地租用这些数据中心来存储数据，从而保证自身的经济利益。

作为影响用户体验的一个重要因素，数据访问延迟必须保持在较低的水平，例如不超过 200ms[12]。最简单的方法是在每个候选数据中心都部署上所有工人的数据副本，这样每位工人都可以从最近的数据中心获取所需数据。然而，随着数据量和用户规模的增加，这种方法会产生极其昂贵的存储成本。因此，需要在保证平均访问延迟在可接受的范围内适当减少数据副本的数量。然而在多云环境下的数据放置优化问题已被证明是一个 NP 难问题[13]，这意味着当问题的规模较大时，难以获得成本和延迟最优的解决方案。由于工人和数据中心广域分布的地理特点，它们之间的映射关系极其复杂。此外，在提供数据存储服务时，不同云服务商采用的区间定价策略也各不相同，加上工人之间可能存在关联关系，这为找到一个有效的数据放置方案带来了更多的挑战。为此，本章提出了一种基于密度聚类算法(DBSCAN)和遗传算法(GA)的数据放置策略。该策略首先结合数据中心和工人的地理分布特点，在初始化阶段快速逼近理论最佳方案。然后利用遗传算法不断地迭代寻找近似最优解，以求在满足访问延迟约束条件下最小化总成本。本章使用斯坦福网络分析项目(SNAP) Brightkite 数据集[14]和真实的云数据中心数据进行实验，以验证该方法的有效性。

8.2　问 题 定 义

本节给出了在多云环境下空间众包数据优化放置(Spatial-Crowdsourcing-Data-Placement，SCDP)问题的详细定义。

定义 8.1　众包数据集合。令 $\mathcal{D}=\{d_1,d_2,\cdots,d_m\}$ 表示来自众包工人的数据集合，每一个数据块 d_i 关联一组属性 $\langle s_i,l_i,A_i,\cdots\rangle$。其中，$s_i$ 是工人 w_i 所提交的数据块 d_i 的大小；l_i 表示工人或数据的地理位置，包含经度和纬度两个字段；A_i 是一个集合，记录了所有和工人 w_i 有关联关系的节点。

尽管对于大多数众包应用程序来说，工人在执行任务时仅需要负责自己的工作即可，但部分工作需要工人们访问彼此的数据并进行相应的操作，此时众包数据之间被动地产生了关联关系。为了不失一般性，本节使用无向图 $G=(V,E)$ 来表示这种关联模型，其中 $v_i\in V$ 表示待存储的工人 w_i 的数据 d_i；$e_{i,j}\in E$ 代表工人 w_i 和 w_j 之间的关联关系，也可表示为 (d_i,d_j)。对于每个工人 w_i 来说，A_i 表示所有和其产生关联关系的节点或工人集合，从实际意义来看，它也有可能是空集，即没有工人和 w_i 拥有关联关系。

定义 8.2　云数据中心集合。令 $C=\{c_1,c_2,\cdots,c_n\}$ 表示由各个云服务商提供的云数据中心集合。每个数据中心 c_j 可以表示为一组属性的集合 $\langle \mathrm{id}_j,l_j,t_j,p_j,\cdots\rangle$，其中，$\mathrm{id}_j$ 是数据中心的标识符，通常包含名称、代号等能够反映对应云服务商信息等内容；l_j 属性以经纬度的形式表明了数据中心 c_j 的地理位置；t_j 是数据中心进行数据传输的加速服务，其默认为启用状态并根据实际使用过程中传输数据的大小进行收费；现阶段，云服务商采用区间定价策略，即通过设置不同的价格区间，单位存储价格随着使用量的增加逐渐降低，这里使用 p_j 代表不同数据中心采用的区间定价策略。

基于定义 8.1 和定义 8.2，可以给出该问题下解空间的定义。首先，定义一个二维 0-1 矩阵 $\boldsymbol{M}$ 用来表示众包数据的存放位置，$\boldsymbol{M}_{i,j}=1$ 意味着在数据中心 c_j 中放置一块 d_i 的副本，反之亦然。因此每个矩阵 $\boldsymbol{M}$ 都代表一个候选解，其代表了一个可行的数据放置方案。值得注意的是，为了确保每位工人的数据块至少可以被存储一次，对于 $\forall w_i$，始终有 $\sum_{j=1}^{n}\boldsymbol{M}_{i,j}\geqslant 1$。以图 8.1 为例，$d_1$ 在 c_1 和 c_3 中均保存有数据副本，所以工人 w_2 和 w_3 可以从最近的数据中心（c_1 或 c_3）中获取 d_1 的数据。

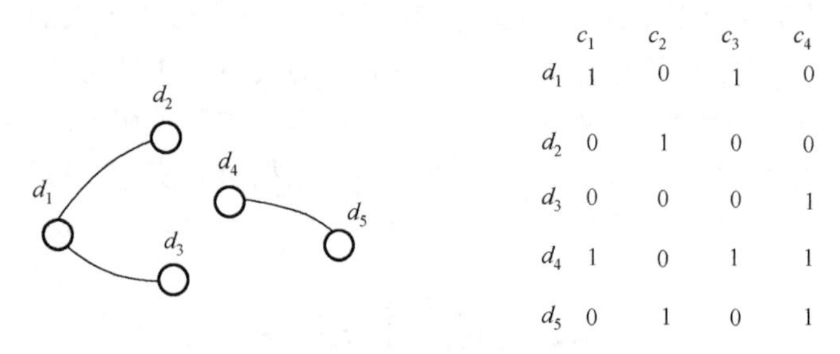

图 8.1　SCDP 问题的示例

定义 8.3　成本。由于现实世界中，各个云服务商所采用的收费策略不尽相同，每种数据放置方案所对应的成本由三部分组成，即传输加速费用 P_t、存储费用 P_s 和 CDN 费用 P_c。

此外，考虑到每个数据块可能有多个副本以及彼此之间的关联关系，每部分的计算过程较为复杂。

$$P_t=\sum_{i=1}^{m}\left[\sum_{j=1}^{|A_i|}(t_{c_j^i}\times s_j)+t_{c_i^i}\times s_i\right] \tag{8-1}$$

本章使用 C_k 表示包含数据块 d_k 的数据中心集合，c_k^i 是集合 C_k 中距离数据块 d_k 最近的数据中心；t_c 代表目标数据中心 c 的数据传输服务的单位价格。因此，在考虑工人关联关系的情况下，可使用该公式计算传输加速服务的费用。首先需要遍历每个数据块 d_i 的关联关系集合 A_i，并乘上数据中心的单位传输价格，最后进行求和。

$$S_j=\sum_{i=1}^{m}(M_{i,j}\times s_i) \tag{8-2}$$

$$P_s+P_c=\sum_{j=1}^{n}\left[\sum(\min\{\delta_k,S_j\}\times(\rho_k+\sigma_k))\right] \tag{8-3}$$

由于云服务商采用区间定价策略，需要使用分段求和法计算存储费用和 CDN 费用。对于数据中心 c_j 来说，首先需要计算其上待存储数据的总量，并且尝试从最底层的价格区间开始进行存储，直到所有的数据都得到了存储，其中，δ_k 表示 k 区间的实际存储容量；ρ_k 和 σ_k 分别表示单位存储价格和 CDN 传输费用。随着区间不断地被填满数据，k 逐渐变大，剩余待存储数据的总量在不断减少（$S_j = S_j - \delta_k$），直到当前区间能够完全保存所有数据。

因此对于某个放置方案 ***M*** 来说，总成本为传输加速费用、存储费用以及 CDN 费用之和，可以表示为

$$C = P_t + P_s + P_c \tag{8-4}$$

定义 8.4　延迟。考虑到工人之间存在的关联关系，工人 w_i 最多需要获取 $\text{len}(A_i)+1$ 块数据，因此延迟可以表示为获取各个数据块的访问延迟的最大值。由于数据访问延迟主要受到网络传输的影响，这里使用 RTT 往返时间[15, 16]来计算访问延迟。

$$l_i = \max_{d_k \in (A_i \cup d_i)} \{5 + 0.02 \times \text{Distance}(c_k^i, d_i)\} \tag{8-5}$$

基于上述定义可以正式给出 SCDP 问题的详细定义，即寻求一个数据放置方案 ***M*** 使得总成本和平均访问延迟最低，从本质上来看，这是一个多目标优化问题，需要在成本和延迟之间进行一定的权衡。一般情况下，为了降低平均访问延迟，需要适当增加数据副本的数量，这会导致成本的增加，反之亦然。然而在现实中，各个云服务提供商在建设数据中心时已经充分考虑了人群分布、网络带宽、负载情况等因素，因此成本和延迟都比较低的数据放置方案是有可能存在的。本章借助线性加权法将该问题转换为单目标问题进行求解，通过利用相关智能优化方法寻求一个低成本低延迟的有效数据放置方案。本节使用 max-min 归一化和加权系数法来解决目标函数维度不一致的问题，这将加快算法的收敛速度。最终该优化问题可以进行如下表述

$$\min Q = \omega_1 \times \mathcal{N}(C) + \omega_2 \times \mathcal{N}\left(\overline{A}\left(\sum_{i=1}^{m} l_i\right)\right) \tag{8-6}$$

$$\text{s.t.}\ \overline{A}\left(\sum_{i=1}^{m} l_i\right) \leqslant \hat{L} \tag{8-7}$$

其中，$\mathcal{N}$ 是上述 max-min 归一化操作，$\overline{A}$ 代表对访问延迟求平均值；$\hat{L}$ 表示工人能够忍受的最大延迟，数值上通常控制在 200ms[17]。

尽管本章将上述多目标优化问题转化为了单目标问题进行求解，但是考虑到多云环境下进行数据优化放置问题的复杂性，随着工人和数据中心数量的增多，面对急剧膨胀的解空间规模，寻找到成本和延迟最优的有效放置方案的难度很大。此外，由于各个云服务商广泛使用区间定价策略，再结合工人之间的关联关系，具体方案所对应成本的计算过程比较复杂，这也为问题的求解带来了额外的挑战。

8.3 模型方法

本小节提出了一种有效的数据放置策略(Initialization Scheme-based GA, ISGA)，用于解决上述优化问题。通过密度聚类首先缩小解空间的搜索范围，然后根据云服务商的区间定价策略对候选的数据中心进行排序并得到初始的数据放置方案，最终使用矩阵编码替代二进制编码利用改进的遗传算法[18]展开进一步的优化。

8.3.1 数据初始化放置策略

数据中心的密度聚类：通过分析从 CloudHarmony[18]上收集的云数据中心的信息，可以发现数据中心具有一定的地理分布特性，这也进一步证实了之前的观点，即为了控制经济成本，各个云服务商在世界各地建设数据中心时已经充分地考虑了人群的分布。在人口密度比较高的区域，数据中心集中进行设置，而在人口密度较低的地区，可用的数据中心数量很少。因此，可以使用密度聚类算法分析这些数据中心的聚簇关系。

算法 costOptimal Placement：成本优化放置

输入：目标簇集 cluster_i，在 cluster_i 中被存储的总数据量 S_i，二维矩阵方案 $\boldsymbol{M}$

输出：更新的二维矩阵方案

1：记录 cluster_i 中每个数据中心的存储区间，$\text{layerSet} = \{\}$

2：**For** 每个数据中心 $c_j \in \text{cluster}_i$ **do**

3：　　$\text{layerSet}(c_j) = 0$

4：**End for**

5：$\text{sequence} = []$

6：$c_k = \text{getLeastExpensiveDC}(\text{layerSet}, \text{cluster}_i)$

7：$\text{cap} = \text{getCap}(c_k, \text{layerSet}(c_k))$

8：**While** $\text{cap} \leqslant S_i$ **do**

9：　　$\text{sequence.append}(c_k, \text{layerSet}(c_k))$

10：　　$S_i -= \text{cap}$;

11：　　$\text{layerSet}(c_k) += 1$

12：　　$c_k = \text{getLeastExpensiveDC}(\text{layerSet}, \text{cluster}_i)$

13：　　$\text{cap} = \text{getCap}(c_k, \text{layerSet}(c_k))$

14：**End while**

15：$\text{sum} = 0$

16：$(c_k, \text{layer}_k) = \text{sequence.pollFirst}()$

17：cap = getCap(c_k, layer_k)
18：**For** $j=0$ to len(d2Cluster) **do**
19：**If** d2Cluster(j,i) == 1 **then**
20：　　sum+ = s_j;
21：　　**If** cap < sum **then**
22：　　　　(c_k, layer_k) = sequence.pollFirst()
23：　　　　cap+ = getCap(c_k, layer_k)
24：　　**End if**
25：　　$\boldsymbol{M}(j,k)=1$
26：**End if**
27：**End for**
28：**Return** $\boldsymbol{M}$

本章使用 DBSCAN 算法[19]进行相应的聚类分析，主要出自以下两方面原因的考虑：①由于数据中心的地理分布信息事先是未知的，因此直接指定簇群数目的算法具有较大的主观性。而基于密度的 DBSCAN 算法可以很好地解决这个问题，其不需要事先指定聚簇中心的数量，并且几乎能够找到任意形状的簇集。②聚簇算法本身与其可调参数应当具有一定的物理意义，以充分反映数据中心的聚集程度并与优化目标保持一致。DBSCAN 算法中两个最重要的参数与上述要求相互契合，通过控制邻域距离 eps，相同簇集下数据中心的访问延迟可以得到保证，而最小成簇点数 minpts 决定了每个簇中数据中心的最小数目。在 DBSCAN 算法中，对于任意给定的点，该点周围 eps 半径内的其他点被称为邻域点，如果邻域点的数量超过了 minpts，

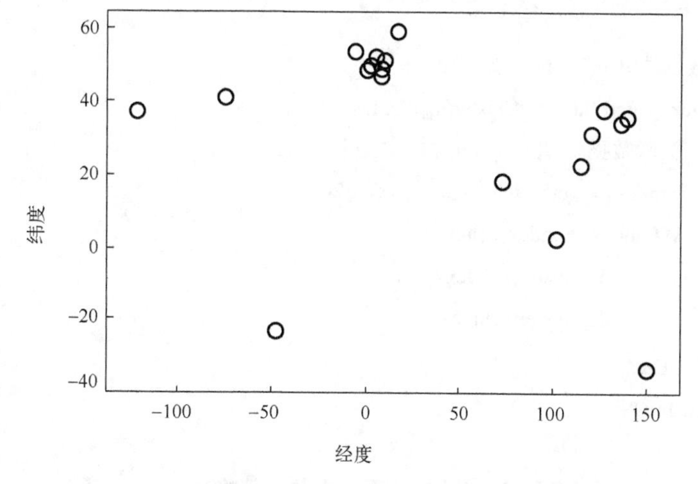

图 8.2　使用 DBSCAN 对经纬度进行聚类的结果

则将该点集视为一个聚簇。对于 SCDP 问题，本章将 eps 设置为 2000000(基于 RTT 方法，所产生的额外延迟不会超过 40ms)，minpts 设置为 1(即使是单独的数据中心也是有实际使用价值的，因此不需要考虑噪声点)。此外考虑到地球曲率的影响，数据中心之间的距离无法使用经纬度结合欧氏距离进行计算，本章引入了 geodesic 工具计算两点之间的真实距离。图 8.2 展示了数据中心的聚簇结果。由于地理位置比较接近，就对延迟的影响来看，同一个簇集下的数据中心几乎是完全等价的，因此工人们可以直接将数据存储在最近的簇集中，以确保数据访问延迟被控制在较低的水平。这个过程将解空间的大小从 len(C)缩小到了 len(cluster)，因此提高了算法的执行效率。此外，对于在不同簇集下但是彼此关联的数据块，还需要添加额外的数据副本来进一步降低访问延迟，即通过改变 d2Cluster 实现数据副本的冗余放置，尽管这可能会产生额外的花销。

算法 DPIS：数据初始化放置策略

输入：众包数据集合 $\mathcal{D}$，云数据中心集合 $\mathcal{C}$

输出：数据放置方案，二维 0-1 矩阵

1：使用 DBSCAN 对数据中心进行聚类， $\text{clusters} \leftarrow \text{dbscan}(\mathcal{C}, \text{eps}=2000000, \text{minPts}=1, \text{metric}=\text{geodesic})$

2：随机选择每个簇集的聚类中心， $\text{clusterCenters} \leftarrow \text{getClusterCenter(clusters)}$

3：用 m 行和 len(clusterCenters) 列表示二维矩阵 d2Cluster

4：**For** 每个数据块 $d_i \in \mathcal{D}$ **do**

5：　　$\text{index} = \text{nearestMatch}(d_i, \text{clusterCenters})$

6：　　$\text{d2Cluster}(i, \text{index}) = 1$

7：**End for**

8：**For** 每个数据块 $d_i \in \mathcal{D}$ **do**

9：　　$\text{index}_i = \text{getMatchingCluster}(d_i, \text{d2Cluster})$

10：　　**For** 关联数据块 $d_k \in A_i$ **do**

11：　　　　$\text{index}_k = \text{getMatchingCluster}(d_k, \text{d2Cluster})$

12：　　　　**If** $\text{index}_i \neq \text{index}_k$ **then**

13：　　　　　　$\text{d2Cluster}(i, \text{index}_k) = 1$

14：　　　　　　$\text{d2Cluster}(k, \text{index}_i) = 1$

15：　　　　**End if**

16：　　**End for**

17：**End for**

18：用 m 行和 n 列表示二维矩阵 $\boldsymbol{M}$，$\boldsymbol{M}$ 表示数据放置策略

19：**For** 每个簇集 $\text{cluster}_\text{i} \in \text{clusters}$ **do**

```
20:   S_i = 0
21:   For j = 0 to len(d2Cluster) do
22:       S_i += d2Cluster(j,i) × s_j
23:   End for
24:   costOptimalPlacement(cluster_i, S_i, M)
25: End for
26: Return M
```

考虑区间定价的成本最优放置策略：在完成上述聚类操作后，通过最近匹配的机制可以得到簇集映射关系表，该映射表清楚地记录了数据块和各个簇集的聚簇中心之间的对应关系，因此可以很方便地计算出每个簇集下待存储数据的总量。然而由于不同云服务商所采用的区间定价模型的容量、定价都不相同，优先选择价格较低的存储区间是一个节省成本的有效方法。因此需要实时维护各个数据中心的数据存储量以获得最新的区间价格，然后根据区间价格对候选数据中心进行排序，并在每次的迭代中优先选择价格最低的目标数据中心。如算法 costOptimalPlacement 所示，列表 sequence 无法完全反映工人和数据中心的映射关系，所以还需要利用它对二维矩阵 M 进行额外的更新，最终在 sequence 的基础上，通过遍历 d2Cluster 帮助确定数据副本的具体位置。

算法 DPIS 将上述步骤进行了整合，其详细地描述了本节所提出的数据初始化放置策略的全过程。本质上，这种方法借鉴了贪心的思想，首先利用 DBSCAN 对数据中心进行了聚类减小了解空间的大小，在此基础上采用最近邻簇集选择和冗余副本放置策略将数据访问延迟维持在较低水平，最后根据区间价格和待存储数据总量对同一簇集下的多个候选数据中心进行排序，以降低放置方案的总成本。

8.3.2　结合初始放置方案的遗传算法

遗传算法是一种通过模拟自然进化过程来寻求最优解的方法，它可以在不给出确定规则的情况下自动获取和引导搜索空间，并自适应地调整搜索方向，能够快速获得较好的优化结果，在机器学习、信号处理等领域得到了广泛的运用。对于 SCDP 问题，由于解空间是以矩阵的形式进行表示的，这种 0-1 离散的特性天然契合遗传算法，仅仅需要一些简单的改动就能从矩阵解空间中得到候选种群，这也是在 8.3.1 节初始化放置方案的基础上选择遗传算法进行进一步优化的主要原因。

解空间的编码方式：由于遗传算法不能对原始问题的解空间直接进行处理，必须通过编码操作将可行解映射到遗传空间中，形成相应的染色体或个体，所以编码模式的选择非常关键，合理的编码方法可以加快搜索的收敛速度，并适当简化适应度的计算过程。作为一种常用的编码方式，使用二进制编码个体的基因型可以表示为一连串的二进制字符串，这将更有利于后续的交叉和变异操作。然而对于 8.2 节中定义的二维 0-1 矩阵解 $\boldsymbol{M}$ 来说，还需要进行额外的转换操作(编码/解码)，这将极大地影响程序执行的效率。因此根据 SCDP 问题的特点，本节采用如图 8.3 所示的矩阵编码方式，不仅更直观地反映了数据放置的具体方案并且无须任何编码和解码操作。

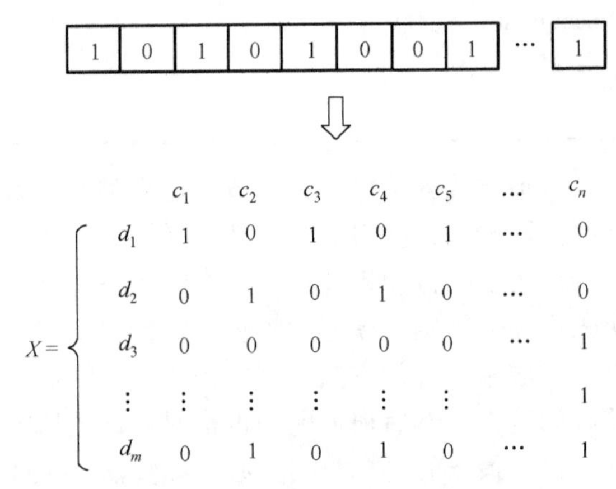

图 8.3　二进制编码到矩阵编码的转换

种群的初始化和选择：基于贪心策略，可以在初始化阶段得到一个有效的数据放置方案。然而，该方案仍然有陷入局部最优的可能，例如，在延迟允许的范围内将工人 w_i 的数据存储在更远的簇集中而非直接使用最近的簇集从而降低存储成本。因此本章将 8.3.1 节中得到的初始放置方案直接加入种群中，并利用随机化策略对其他个体进行初始化。选择操作采用基于轮盘赌算法的最优保留策略，即当前群体中适应度最高的个体不参与交叉和变异运算，并用其替换掉后代种群中适应度最低的个体。该策略有效地避免了后续交叉和变异操作所导致的最优个体基因型被污染而无法收敛的情况。

交叉和变异操作：交叉和变异操作遵循经典遗传算法的相关操作，即分别使用两点交叉法和简单突变操作。所谓的两点交叉法是指在一组基因型上随机选择两个交叉点，并交换两点之间的基因片段。简单突变操作是指在基因片段上随机分配一定数量的位置，并以指定的概率改变对应位置上的基因。考虑到本节使用的是矩阵编码方式，对于交叉和变异操作需要将给定的锚点进行适当的转换从而得到算法所需要的行列坐标。例如，假定锚点为 n，应做如下转换：$i = n / \mathrm{len}(\mathcal{C}), j = n \bmod \mathrm{len}(\mathcal{C})$。

8.3.3　复杂性分析

从算法复杂度的角度来看，本章所提出的方法具有很高的效率。假设数据中心的数量为 n，待存储的数据块数量为 m，簇集的平均数量为 k，则数据初始化放置策略的时间复杂度可以表示为$O\left(n^2 + n\log_2\frac{n}{k} + mk + m\right)$，其中$O(n^2)$是DBSCAN聚类的时间花销。类似地，$O\left(n\log_2\frac{n}{k}\right)$与各个簇下数据中心的排序操作有关，$O(mk)$用于遍历所有的聚簇中心和数据块以生成中间结果，$O(m)$表示处理数据块与数据中心之间的映射关系所需的时间。考虑到实际情况下，n远小于m，因此算法的整体时间复杂度为$O(mk)$。此外，对于8.3.2节中ISGA所做的进一步优化工作而言，其时间复杂度基本遵循经典遗传算法，这里不再展开进行描述。

8.4　实验及其分析

本节详细说明了实验的数据来源和相关的参数设置，并通过和传统的遗传算法以及粒子群算法[20, 21]进行了一系列实验比较，验证了本章所提出算法的有效性。

8.4.1　实验设置

本章通过爬取CloudHarmony上来自Amazon S3（AM）、Microsoft Azure（AZ）、Google（GO）、Alibaba（AL）和DigitalOcean（DO）的5个云服务提供商的数据，总共收集到110个数据中心的真实信息。为了便于管理并且避免数据过于分散，从每个云服务提供商中随机挑选了4个数据中心，因此数据中心集合的大小控制在20，它们的主要信息如表8.1所示。此外，本章使用了Brightkite数据集[14]来模拟广域地理分布的众包工人，这是一个基于位置的社交数据集，其允许脱敏后的用户签到及共享自己的地理位置，并完整记录了用户之间的社交关系。在完成预处理等工作后，

表8.1　部分数据中心的重要信息

云服务提供商	服务Id	地区	成本（$/GB）
AL	ap-northeast-1	asia	[0-5]:0, (5,10240]:0.12, (10240,51200]:0.108, (51200,153600]:0.102, (153600,+∞):0.095
AM	us-east-2	us_central	[0,1]:0, (1,10241]:0.09, (10241,51201]:0.085, (51201,153601]:0.07, (153601,512001]:0.05, (512001,+∞):0.05
GO	europe-west6	eu_central	[0,1024]:0.23, (1024,10240]:0.22, (10240,+∞):0.2
…	…	…	…

本章随机地选择了 500 名工人进行后续实验。考虑到移动设备的普及以及网络带宽费用的降低，众包数据的表现形式和总量在不断增加，假设每位工人收集的音频、图片、视频和个人信息等数据在 200MB 左右，因此本章使用高斯分布来确定工人数据的大小，令 $\mu=200$，$\sigma^2=1$。

通过后续的实验可发现在 $\hat{L}$ 范围内，延迟的变化并不明显。尤其是在应用了本章所提出的初始化放置策略后，最近邻簇集选择使得平均访问延迟几乎接近理论最优水平。因此和访问延迟相比，本章更重视成本的控制，于是将权重参数设置为 $w_1=0.8$，$w_2=0.2$。此外，为了进一步增加种群的多样性，设置算法的种群数量为 100，基因突变率为 0.1。

8.4.2　实验结果及分析

图 8.4 显示了当工人数为 500 时不同算法的成本和延迟随着迭代进行的变化情况，从中可以明显地感受到本章所提算法的有效性。与其他算法相比，在同一坐标系下本方法所得数据放置方案的成本几乎和 x 轴完全重叠，并且对应的延迟也远低于其他方法。图 8.5 展示了本章所提算法的更多迭代细节，其最终得到放置方案的成本低于$0.65，而延迟不超过 25ms。能取得如此好的结果主要归功于两方面的原因：一方面，同一簇集下数据中心的地理位置比较接近，基于密度的簇集划分机制可以保证工人能够被分配到距离自己最近的数据中心，从而降低了数据的访问延迟。另一方面，同一簇集中的多个候选数据中心为众包数据的存储提供了更多的可能性，可以总是选择费用更低的数据中心存储工人的数据以节省成本。

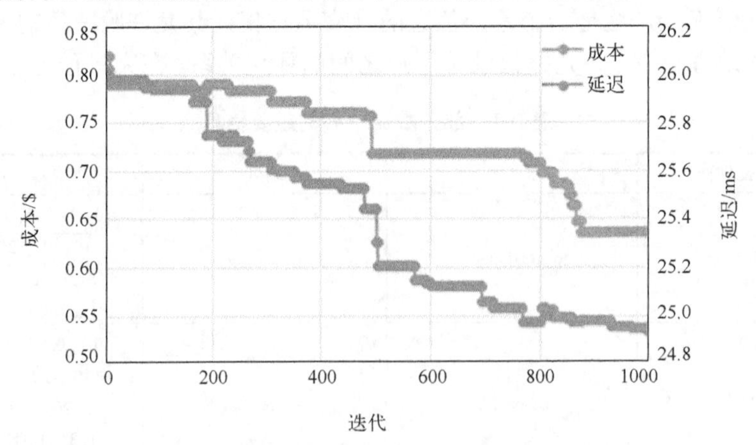

图 8.4　工人数为 500 时 ISGA 算法的优化过程

通过进一步分析表 8.1 中所提供的不同云服务商的区间定价策略，可以发现随着存储量的增加，相应区间的单位存储价格逐渐降低。以阿里云（AL）的 ap-northeast-1 为例，在[5,10240]的区间内，每月需要 0.12 $/GB，而在[153600,+∞)的

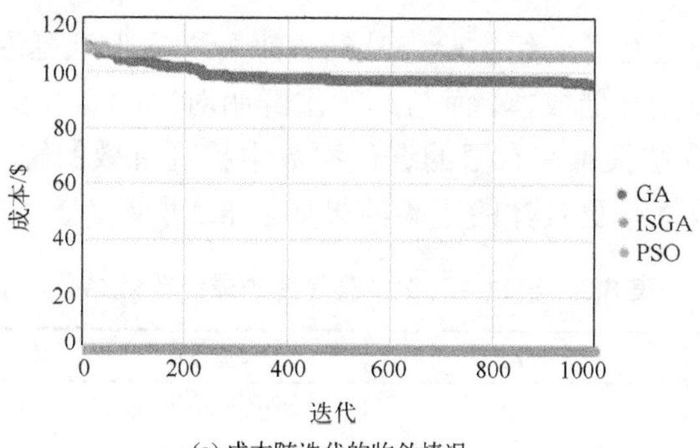

(a) 成本随迭代的收敛情况

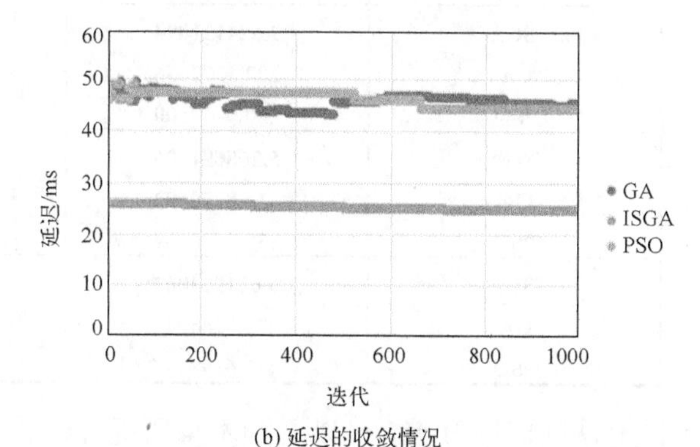

(b) 延迟的收敛情况

图 8.5　不同方法的收敛情况

区间内每月仅需 0.095 $/GB。除此之外，一些云服务商还会提供一定额度的免费存储容量，在不超过使用限制的情况下免收用户的存储费用，因此，适当地利用这些额度也能显著降低存储成本。如图 8.6 所示，本章通过控制其他参数不变，不断地

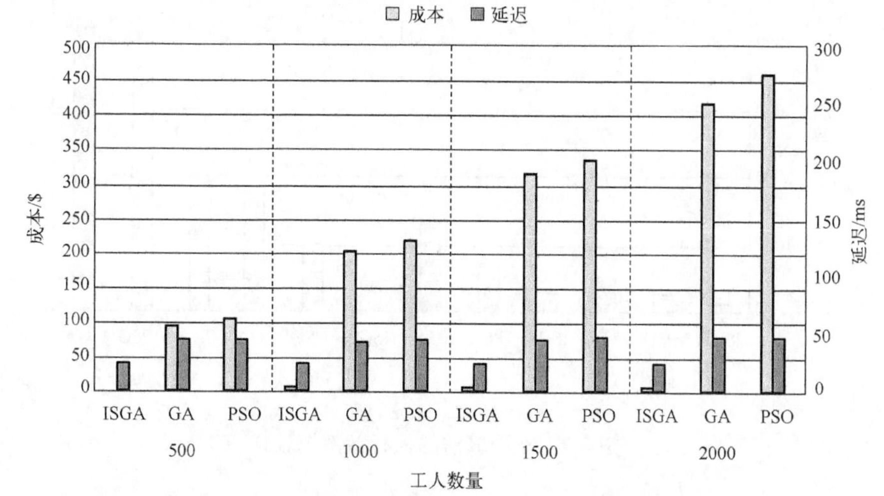

图 8.6　不同工人数量下各种算法的执行效果

增加工人的数量额外进行了一组实验，从结果来看，在保证延迟的基础上，本章提出算法可以极大地降低存储成本。而与此产生鲜明对比的是，由于解空间过于庞大，传统的 GA 和 PSO 算法很难在有限的迭代次数中找到有效的解，这也进一步证明了本章提出算法的有效性。更具体的实验结果如表 8.2 所示。

表 8.2　经过 1000 次迭代后的最终收敛结果

工人数	算法	成本/$	延迟/ms
500	ISGA	0.636035156	24.92606254
	GA	96.24005859	45.75144648
	PSO	105.9276563	44.54577938
1000	ISGA	3.524121094	24.71402267
	GA	202.5272656	42.79880394
	PSO	220.9737500	45.55897312
1500	ISGA	5.268691406	25.24437477
	GA	314.8779492	46.01583939
	PSO	338.5780469	48.65765274
2000	ISGA	6.611914063	25.11416764
	GA	421.0548047	48.70689055
	PSO	457.6198437	48.74560542

图 8.7 显示了不同算法的时间开销，可以看到本章所提算法的效率是比较高的。通过直接使用矩阵编码模式，避免了频繁且耗时的编码和解码操作，极大地缩短了程序的运行时间。此外，借助 DBSCAN 算法对数据中心进行聚类操作，进一步降低了解空间的大小，从而提高了算法的执行效率。

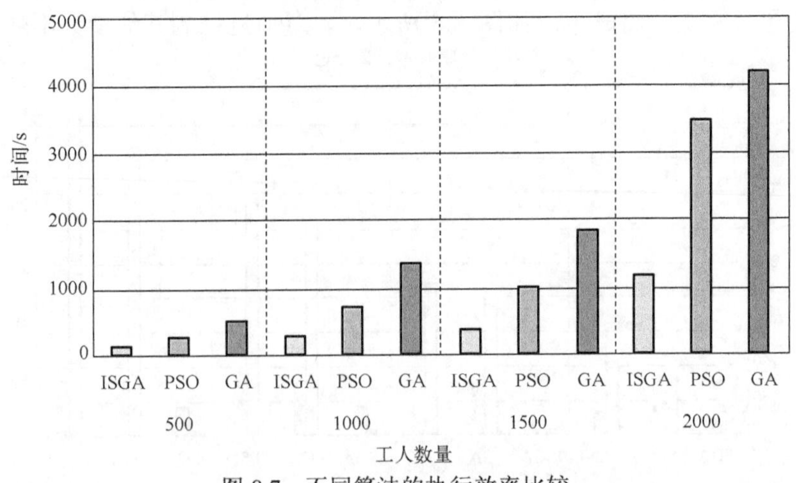

图 8.7　不同算法的执行效率比较

8.5　本章小结

随着群智的快速发展，越来越多的人开始参与到众包工作中，这对人工智能、机器学习等领域的发展产生了极大的推动作用。然而随着工人规模的不断增加，其背后海量的众包数据势必会对存储和计算带来严重的挑战。面对规模庞大、广域分布的数据和用户，仅仅依靠传统单云模式无法解决所有的问题。此外，单云还面临供应商锁定、低可用性和数据隐私泄露等风险，因此多云逐渐成为一种新的研究趋势。本章提出了一种基于工人和数据中心地理分布特征的数据放置策略以满足平均访问延迟的要求，并有效降低数据存储成本，之后利用结合初始化方案的遗传算法对结果进行进一步的优化。考虑到数据中心的地理位置相对集中，本章采用DBSCAN 算法进行了聚类分析，减小了原始解空间的大小。从延迟的角度来看，相同簇集下的数据中心是完全等价的，因此可以考虑将工人直接映射到最近的簇集以降低平均访问延迟。此外，由于部分云服务商在实施区间定价策略时会提供一定限额的免费存储空间，充分利用这些额度可以显著地降低成本。实验结果也证明了本章所提出算法的有效性，无论在优化效果还是运行速度上均优于 GA 和 PSO 算法。

参考文献

[1] Maisonneuve N, Stevens M, Niessen M E, et al. NoiseTube: measuring and mapping noise pollution with mobile phones//Proceedings of the 4th International ICSC Symposium, Thessaloniki, 2009.

[2] Uber. https://www.uber.com.cn/, 2020.

[3] Lehmann J, Castillo C, Lalmas M, et al. Finding news curators in twitter//Proceedings of the 22nd International Conference on World Wide Web, New York, 2013.

[4] Lehmann J, Castillo C, Lalmas M, et al. Transient news crowds in social media//The 7th International AAAI Conference on Weblogs and Social Media, Cambridge, 2013.

[5] Dark Sky. https://darksky.net/, 2020.

[6] Haklay M, Weber P. Openstreetmap: user-generated street maps. IEEE Pervasive Computing, 2008, 7(4): 12-18.

[7] Alt F, Shirazi A S, Schmidt A, et al. Location-based crowdsourcing: extending crowdsourcing to the real world//Proceedings of the 6th Nordic Conference on Human-Computer Interaction: Extending Boundaries, New York, 2010.

[8] Kazemi L, Shahabi C. Geocrowd: enabling query answering with spatial crowdsourcing//Proceedings of the 20th International Conference on Advances in Geographic Information

Systems, New York, 2012.

[9] Wang P, Zhao C, Zhang Z. An ant colony algorithm-based approach for cost-effective data hosting with high availability in multi-cloud environments//The 15th International Conference on Networking, Sensing and Control (ICNSC), Zhuhai, 2018.

[10] Liu W, Wang P, Meng Y, et al. A novel algorithm for optimizing selection of cloud instance types in multi-cloud environment//The 25th International Conference on Parallel and Distributed Systems (ICPADS), Tianjin, 2019.

[11] Liu W, Wang P, Meng Y, et al. A novel model for optimizing selection of cloud instance types. IEEE Access, 2019, 7: 120508-120521.

[12] Khalajzadeh H, Yuan D, Grundy J, et al. Improving cloud-based online social network data placement and replication//The 9th International Conference on Cloud Computing, San Francisco, 2016.

[13] Liu G, Shen H. Minimum-cost cloud storage service across multiple cloud providers. IEEE/ACM Transactions on Networking, 2017, 25(4): 2498-2513.

[14] Cho E, Myers S, Leskovec J. Friendship and mobility: user movement in location-based social networks// ACM SIGKDD International Conference on Knowledge Discovery and Data Mining, New York, 2011.

[15] Wu Z, Butkiewicz M, Perkins D, et al. Spanstore: cost-effective geo-replicated storage spanning multiple cloud services//Proceedings of the 24th ACM Symposium on Operating Systems Principles, Farmington, 2013.

[16] Mansouri Y, Buyya R. To move or not to move: cost optimization in a dual cloud-based storage architecture. Journal of Network and Computer Applications, 2016, 75: 223-235.

[17] Whitley D. A genetic algorithm tutorial. Statistics and Computing, 1994, 4(2): 65-85.

[18] CloudHarmony. https://cloudharmony.com/, 2020.

[19] Birant D, Kut A. ST-DBSCAN: an algorithm for clustering spatial-temporal data. Data and Knowledge Engineering, 2007, 60(1): 208-221.

[20] Cao Y, Zhang H, Li W, et al. Comprehensive learning particle swarm optimization algorithm with local search for multimodal functions. IEEE Transactions on Evolutionary Computation, 2018, 23(4): 718-731.

[21] Dong W, Zhou M. A supervised learning and control method to improve particle swarm optimization algorithms. IEEE Transactions on Systems, Man, and Cybernetics: Systems, 2016, 47(7): 1135-1148.

第9章　基于免疫机制的工作流优化调度

9.1 引　　言

工作流是按照一定的优先级顺序排列的一系列任务，用来达到特定的目标。现在，科学和商业应用包括成千上万的任务。通常，为了便于研究，它们通过有向无环图(Directed Acyclic Graph，DAG)被建模为工作流模型。这些复杂的工作流应用程序部署在分布式计算环境中，以便在合理的时间内执行。但现实问题是，由工作流所有者构建和维护一个基础设施，如高性能集群、网格系统或私有云，不仅非常昂贵，而且不能灵活地处理动态需求。当需求大于现有设施时，基础设施就必须扩大，如果需求长时间大幅度减少，就会浪费大量资源。因此，云计算作为一种共享资源模式，可以作为基础设施为用户提供服务，用户可以在云上动态地部署工作流，并且按照需要支付和使用云资源。

近年来，云计算发展十分迅速。作为一个成熟的商业模式，云计算服务由全球市场的众多供应商提供。通常，云提供商将世界划分为多个区域，并在每个区域中构建数据中心，就近为用户提供服务。每个数据中心提供多种实例类型，实例类型之间通过一些参数彼此区分，例如，CPU、存储器、带宽等。用户从市场中获得的云实例数量可以被视为“无限的”。这也意味着用户很难在使用之前做出一个准确的判断：执行任务需要哪些类型的实例以及哪些实例可以以更低的价格和更快的速度来完成任务。

云计算对于解决高并发性和大量资源的问题越来越得心应手，许多传统的研究领域都选择通过云来解决问题，工作流调度就是其中之一。云计算给用户带来诸多好处的同时，也给调度和优化带来了新的挑战，其中成本和完工时间是工作流调度中最受关注的问题。用户希望获得一种低成本、短完工时间的解决方案。

本章重点研究了在截止期的约束下如何找到使成本和完工时间同时达到较优的解决方案。针对这一问题，提出了一种基于免疫机制的粒子群优化算法(IMPSO)，引入了免疫机制，有效地提升了解决方案的质量以及寻优速度，很好地改善了粒子群算法收敛速度慢、容易陷入局部最优的缺点。最后通过实验证明了该方法的有效性。

9.2　调度模型和问题定义

本节将讨论工作流模型在云环境中进行调度的相关模型，并给出问题的相关公式。

9.2.1　调度模型

为了便于描述，工作流通常被定义为有向无环图，$G=(T,E)$，其中 T 是 n 个任务的集合 $t=\{t_1,t_2,\cdots,t_n\}$，每个任务都是独立且不可分割的个体，它们都有一个相应的工作负载 len_t；E 是任务之间依赖关系的集合，$E=\{e_{i,j}\mid i,j=1,2,\cdots,N\}$。依赖关系 $e_{i,j}$ 表示任务 t_i 和任务 t_j 的依赖约束，它意味着任务 t_j 必须等到任务 t_i 执行完毕才能开始执行。如果它们之间还有数据传输，任务 t_j 需要等待数据传输完毕才能开始。由此，任务 t_i 称为任务 t_j 的父(parent)任务或前驱(predecessor)任务，任务 t_j 称为任务 t_i 的子(child)任务或后继(subsequent)任务。$\text{pred}(t_j)$ 用来表示任务 t_j 的父任务的集合，$\text{child}(t_j)$ 表示任务 t_j 的子任务集合。对于每个任务来说，它可以有 0 个、1 个甚至更多父任务。DAG 中，那些没有父任务的任务被称为入口任务，没有子任务的任务被称为结束任务，有 $\text{pred}(t_{\text{entry}})=\varnothing$，$\text{child}(t_{\text{exit}})=\varnothing$。为了便于调度算法的设计，通常来讲，会给工作流开始和结束的地方分别增加一个虚拟任务 t_{entry} 和 t_{exit}，它们的执行时间和传输数据都是 0。

云计算模型中，供应商 P 提供了相对于用户来讲“无限”的具有不同容量、价格等参数的实例 $I=\{I_s\}$。价格模型按照 Amazon EC2 的按需实例收费模式，$\text{price}(I_s)$ 表示实例 I_s 在一个时间间隔内的费用。用户可以按照他们使用的时间间隔的数量来进行付费，不满一个时间间隔的部分向上取整为一个完整的时间间隔（比如，0.1s 被向上取整为 1s）。capacity_s 用来表示实例的处理能力。

当任务 t_i 分配到某个实例上时，执行时间可以通过下面公式计算得到

$$\text{ET}(t_i,I)=\frac{\text{len}(t_i)}{\text{capacity}_i} \tag{9-1}$$

任务 t_i 的执行成本

$$\text{EC}(t_i,I)=\text{ET}(t_i,I)\times\text{price}(I_S) \tag{9-2}$$

此外，如果任务 t_j 是任务 t_i 的父任务，它们之间有 $\text{data}_{j,i}$ 的数据从父任务发送到子任务。本章假设所有实例都由同一个区域的提供商提供，因此，所有实例之间的带宽 bw 都大致相等。如果任务被分配到同一个实例上，它们之间的传输时间为 0。公式(9-3)代表了任务之间的传输时间

$$\mathrm{TT}(e_{j,i})=\begin{cases}\dfrac{\mathrm{data}_{j,i}}{\mathrm{bw}}, & t_j\text{与}t_i\text{不在一个实例}\\ 0, & \text{其他}\end{cases}\tag{9-3}$$

对于任务 t_i 来说，所有传入数据的成本如下

$$\mathrm{TC}(t_i)=\sum_{j=1}^{\mathrm{pred}(t_i)}\mathrm{data}_{j,i}\times\mathrm{trans}\tag{9-4}$$

其中，trans 是每单位传输价格。

整个工作流的全部成本可以由下式计算获得

$$\mathrm{COST}=\sum_{i=1}^{N}(\mathrm{EC}(t_i,I)+\mathrm{TC}(t_i))\tag{9-5}$$

令 $\mathrm{ST}(t_i)$ 为任务 t_i 的开始时间，$\mathrm{FT}(t_i)$ 为任务的结束时间，分别通过公式(9-6)和公式(9-7)计算

$$\mathrm{ST}(t_i)=\begin{cases}0, & \mathrm{pred}(t_i)=\varnothing\\ \max\limits_{t_j\in\mathrm{pred}(t_i)}\{\mathrm{ST}(t_j)+\mathrm{ET}(t_j,I)+\mathrm{TT}(e_{j,i})\}, & \mathrm{pred}(t_i)\neq\varnothing\end{cases}\tag{9-6}$$

$$\mathrm{FT}(t_i)=\mathrm{ST}(t_i)+\mathrm{ET}(t_j,I)\tag{9-7}$$

对一个工作流来说，结束任务 t_{exit} 的结束时间 $\mathrm{FT}(t_{\mathrm{exit}})$ 即为整个工作流的完工时间，如公式(9-8)所示。此外，构成结束任务 t_{exit} 的最大结束时间路径上的所有任务构成了工作流的关键路径。

$$\mathrm{makespan}=\mathrm{FT}(t_{\mathrm{exit}})\tag{9-8}$$

9.2.2　问题建模

在云计算环境调度工作流的过程中，考虑了两个问题，一个是资源调配。它意味着调度解决方案需要决定使用多少实例租赁以及它们的类型、启动和结束时间。另一个是实际的调度或任务实例之间的映射。将每个任务映射到最适合的实例资源上。通常的工作流调度问题是这两个问题的结合。

一个完整的调度可以表示为 $\langle I,A\rangle$。$I=\{I_1,I_2,I_3,\cdots,I_{|I|}\}$ 是调度解决方案使用的资源集合，每个实例 I_s 具有相应的实例类型、最早的开始时间(LST)和最早的结束时间(LFT)。A 是任务和实例的一个映射集合。每个映射 $A=\langle t_i,s_j,\mathrm{ST}(t_i),\mathrm{FT}(t_i)\rangle$ 表示任务 t_i 被分配给实例 s_j，从 $\mathrm{ST}(t_i)$ 开始，到 $\mathrm{FT}(t_i)$ 结束。工作流的总成本和总完工时间可以用公式(9-5)～公式(9-8)计算。用 D 表示用户定义的截止期。云计算环境中工作流调度在截止期约束下的成本和完工时间优化问题可以被建模为

$$\min \text{ COST}, \text{makespan} \tag{9-9}$$

$$\text{s.t. makespan} \leqslant D$$

9.3　基于免疫机制的粒子群优化算法

9.3.1　粒子群算法概述

粒子群算法(PSO)是一种基于动物行为的进化计算技术。自提出以来，它得到了广泛的研究和应用[1]。该算法是一种随机优化技术，从对觅食中的鸟群建模而来。有这样一个场景：当前一定区域内有一群鸟在搜寻食物，该区域内只有一块食物。所有的鸟都有自己的飞行速度，而且知道自己和食物的距离，但是不清楚食物的具体位置。那么鸟群里离食物最近的个体就是搜索到食物的最佳策略，即寻找食物的最优解。由此建模而来的即为粒子群算法。

粒子表示能够在所定义的问题空间中移动的个体，并表示该优化问题的候选解。每个粒子可以是一个N维向量，是N维搜索空间中的一个个体。粒子的飞行过程就是它的搜索过程。粒子有两个属性：速度和位置。在给定的时间点上，粒子的运动由速度来定义，并表示为矢量。因此，它具有振幅和方向。粒子的飞行速度可以根据它的历史最优位置和种群的历史最优位置进行动态调整。速度表示粒子移动的快慢，位置表示粒子移动的方向。在一轮迭代中，所有粒子中最优的粒子是这一轮的当前全局最优解。在不断迭代的过程中，当前全局最优解不断更新并逐渐向满足条件的最终全局最优解靠拢。

粒子群算法采用学习因子和惯性权重来动态调整粒子的速度。公式(9-10)和公式(9-11)表示粒子的速度和位置。$\boldsymbol{V}_i^k$和$\boldsymbol{P}_i^k$分别是粒子i在k时间的速度和位置，它们都是矢量。$\boldsymbol{P}_i^{\text{pbest}}$和$\boldsymbol{P}_g^{\text{gbest}}$分别是第$i$个粒子和全局粒子的最佳位置。

$$\boldsymbol{V}_i^k = \omega \boldsymbol{V}_i^{k-1} + c_1 r_1 (\boldsymbol{P}_i^{\text{pbest}} - \boldsymbol{P}_i^{k-1}) + c_1 r_1 (\boldsymbol{P}_g^{\text{gbest}} - \boldsymbol{P}_i^{k-1}) \tag{9-10}$$

$$\boldsymbol{P}_i^k = \boldsymbol{P}_i^{k-1} + \boldsymbol{V}_i^k \tag{9-11}$$

PSO的优化过程如下：①首先对种群进行初始化并给予每个粒子随机产生的速度和位置，最好的一个作为当前的全局最优粒子；②接下来根据公式(9-10)和公式(9-11)来计算下一次移动的速度和位置；③每个粒子都计算其适应值，评估每个粒子的适应值并更新它们的历史最优位置；④更新种群的全局最优位置；⑤判断是否满足结束条件，不满足则继续循环②～④。在粒子群优化过程中，如果一个粒子找到一个当前最优位置，另一个粒子就迅速靠近它。寻优过程中很容易出现聚集现象，导致种群多样性的下降。如果当前的最优位置是局部最优的，那么粒子群优化算法很难在解空间中重新搜索，并且令算法陷入局部最优。本章工作在进行云计算环境下的工作流调度时，将免疫机制引入粒子群算法中，从而优化粒子群算法存在的问题并加快寻优的速度。

9.3.2　免疫机制概述

生物免疫系统是由器官、细胞和分子组成的，作为用于抵御外来病毒侵害的防御系统。它是一个功能系统，在这个系统中，身体可以识别“非自我”和“自我”刺激，准确地对它们做出反应，并保留记忆反应。总之，当异物以抗原的形式进入人体时，免疫系统就会产生抗体，解决它们的问题，并具有记忆和自我调节的功能。

根据生物免疫系统的特点，构建人工免疫系统是同一种自我调节机制。亲和力用来描述抗体和抗原，或抗体和抗体之间的相似性程度。在求解多目标优化问题时，要解决的问题是抗原，候选解是抗体。抗体与抗原的亲和力反映了候选解与最优解的相似性，即候选解对约束条件和目标函数的满足程度。抗体和抗体之间的亲和力反映了不同候选方案之间的相似性和候选方案的多样性。在一定范围内具有相似性的抗体可以量化为抗体的浓度。通过调节抗体浓度，可以避免在优化过程中陷入局部优化。通过筛选出亲和力较高的抗体，可以加快优化过程。免疫记忆是指免疫系统能够像记忆细胞一样保留一些能更好地处理抗原的抗体。当同一抗原再次入侵时，相应的记忆细胞被激活，产生大量的抗体。表 9.1 是生物免疫系统和免疫算法的对应关系。

表 9.1　生物免疫系统和免疫算法的对应关系

生物免疫系统	免疫算法
抗原	待解决的优化问题
抗体	候选解
亲和度	候选解的优秀程度
细胞活化	免疫选择
细胞分化	个体克隆
亲和度成熟	变异
克隆抑制	优秀个体的选择
动态稳态维持	种群刷新

9.3.3　提出的方法

IMPSO 算法流程图如图 9.1 所示。在该算法中，粒子被视为抗体。在初始化抗体种群并获得初始全局最优解后，每种抗体都具有亲和力和浓度。在此基础上，给出了评价该抗体的激励值。其次是一系列的择优和增加多样性的操作，如抗体克隆、交叉突变、记忆细胞形成、替换最坏的解决方案等。在最后阶段，更新种群并判断算法是否满足结束条件。如果是，则输出结果，否则继续迭代。

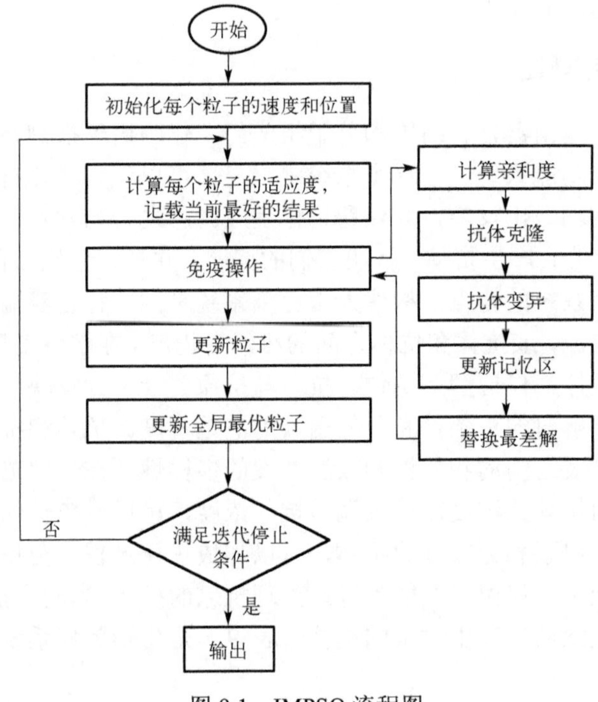

图 9.1　IMPSO 流程图

算法：IMPSO

输入：一个工作流转换的 DAG 图

输出：一个任务实例映射方案 globalBestSol

1：　初始化任务组件，全局最优方案 globalBestSol

2：　**For** 种群中每个粒子 *i* **do**

3：　　初始化速度和位置

4：　　为工作流生成一个方案 sol_i

5：　　更新 globalBestSol

6：　**End for**

7：　**While** 不满足迭代条件 **do**

8：　　计算每个粒子的适应度

9：　　根据适应度排序粒子，并且最好的粒子不需要任何操作，直接被送到下一个新种群

10：　　**For** 种群中每一个粒子除了最好的粒子 **do**

11：　　　计算抗体克隆

12：　　**For** 粒子 i 的每个克隆 **do**
13：　　　交叉操作
14：　　　变异操作
15：　　**End for**
16：　　更新这个粒子
17：　　重新构建方案和计算适应度
18：　**End for**
19：　选择最好的 $N-1$ 个粒子加到新的种群
20：　选择最好的 M 个粒子去更新记忆区
21：　随机生成 d 个粒子代替最差的 d 个粒子
22：　更新种群和 bestGlobalSol
23：**End while**

(1) 编码模式(Encoded Mode)。

当将云计算环境下的工作流调度问题建模为 IMPSO 方法的求解模型时，存在两个问题。一是定义这个问题的编码模式，二是如何评价粒子的优秀程度，即适应度函数。

粒子表示一种调度的解决方案。因此，粒子的维数等于给定工作流中的任务数。给定工作流 $G=(T,E)$，假设它包括了 N 个任务，那么算法中的粒子就是一个 N 维粒子。粒子的大小将用于确定其在搜索空间坐标系中的位置。由于云计算中存在无限个实例，不可能让粒子的坐标在真实范围内取任意值，这不利于快速搜索，所以，粒子运动的范围是由可用的实例类型决定的。假设有 M 种实例类型，粒子位置的最大值是 M。在此基础上，粒子位置中坐标值的整数部分表示所选实例类型。对于适应度函数，它用于确定候选解的有效性，需要反映调度问题的目标，就是成本和时间。

(2) 适应度计算(Affinity Calculation)。

抗体与抗原之间的亲和力表明抗体具有解决抗原的能力。由于本章想要解决的调度问题是一个多目标函数优化问题，所以抗原对应于被优化的目标函数和约束条件。抗体是候选的解决方案。因此，抗体和抗原之间的亲和力表示为

$$\text{affinity}_i = (\alpha \text{COST} + \beta \text{Makespan}) / (\text{dis}_i + 1) \tag{9-12}$$

其中，α 和 β 是固定参数，dis_i 表示当前第 i 个粒子同当前迭代的最优粒子之间的距离，通过下面这个公式计算

$$\text{dis}_i = \sqrt{\sum_{i=1}^{N} (\text{position}_i - \text{gbest})^2} \tag{9-13}$$

其中，position_i 和 gbest 是 n 维的粒子和全局最优粒子。可以看出，粒子和全局最优

粒子越像，它们的距离越小。距离越小，亲和度越大。在亲和力计算过程中，为了加快算法的收敛速度，保证粒子向更好的方向移动，本章规定让亲和力最高的个体直接进入下一代，而不需要后续的克隆变异操作。

粒子间的亲和力表示它们之间的相似性，如公式(9-14)所示。non 表示抗体 ab_i 与 ab_j 之间的欧氏距离。粒子之间的距离越小，它们的亲和力就越大，说明它们更相似。过多的相似粒子会导致种群容易陷入局部最优，因此需要相应的措施来控制相似粒子的浓度。

$$\text{antibody}_{i,j} = \exp(-\text{non}(\text{ab}_i - \text{ab}_j)) \tag{9-14}$$

(3)抗体浓度与激励作用(Antibody Concentration and Incentive function)。

当种群中存在人量相似粒了时，很容易陷入局部优化。它需要被抑制，抗体的浓度由它的亲和力来定义，如公式(9-15)所示。粒子的总维数为 N。

$$\text{consistence}_i = \frac{\sum_{j=1}^{N} S_{i,j}}{N} \tag{9-15}$$

其中

$$S_{i,j} = \begin{cases} 1, & \text{consistence}_{i,j} / \max\{\text{consistence}_{i,j}\} \geqslant \eta \\ 0, & \text{consistence}_{i,j} / \max\{\text{consistence}_{i,j}\} \leqslant \eta \end{cases} \tag{9-16}$$

其中，η 是抗体相似系数，是常数。可知具有高亲和力和低浓度的抗体更受欢迎。粒子多样性和不成熟的收敛性也是可以实现的。因此，抗体的激励度定义为

$$\text{incentive}_i = \text{affinity}_i \times \mathrm{e}^{-\text{consistence}_i} \tag{9-17}$$

(4)抗体克隆、交叉和变异。

根据激励度，一个种群中每个个体的克隆个数可以被定义为

$$\text{num}_i = \frac{\text{affinity}_i}{\sum \text{affinity}_j} \times N \tag{9-18}$$

个体亲和力越强，克隆的子个体就越多。这可以保护好的基因，加快算法的收敛速度。为了防止陷入局部优化，本章采用了基于实数的中间交叉和变异方法来扩展种群，增加除父本以外的每个个体的多样性。交叉方式是中间交叉方式，并根据下面的公式生成子个体。

$$\text{child} = \text{parent}_1 + \alpha \times (\text{parent}_2 - \text{parent}_1) \tag{9-19}$$

其中，α 是由[0,1]上均匀分布的随机数产生的比例因子。每个维度的值是根据公式(9-19)计算的，每个维度都有一个新的值。此外，如果记忆单元不是空的，则从其中选择父粒子，否则从整个种群的父粒子中选择。在所有粒子进行交叉操作后，采用轮盘赌的选择

方法来确定每个粒子是否需要变异，其中低激励度的粒子更容易被选择。

(5) 更新种群 (Update Population)。

在所有的操作之后，所有粒子都按照激励机制进行排序，并选择前 N–1 粒子作为下一代种群。可以看出，新的群体是由高激励度的个体组成的，这些个体是从它们的上级群体中获得的。根据一定的比例选择一些最佳的粒子来更新记忆单元。此外，为了筛选出最坏的粒子，一些新的随机产生的粒子将取代它们。然后更新所有粒子的速度和位置，得到一个新的全局最优解。此时，迭代结束。

9.4　实验及其分析

本节介绍了实验环境以及使用的参数，然后对比了其他方法得出的实验结果。

9.4.1　实验设置

本节使用三种工作流程来进行评估：Cybershake、SIPHT 和 Epigenomics。对于资源类型的需求，它们都有不同的关注点。Cybershake 是南加州中心(SCEC)用概率地震危险性分析方法描述地震危险性的工具。这是一个需要大量内存和 CPU 的数据密集型工作流。Epigenomics 是生物信息学中的一种工作流应用，用于各种基因组的自动测序，本质上是一条数据处理的管道。它是一个 CPU 密集型的应用程序。SIPHT 是哈佛大学生物信息学项目使用的一个工作流，用于自动搜索数据库中未翻译的小 RNA(SRNAs)。它可以调节细菌的分泌和毒性，是一个计算密集型的应用。有关这些或更多工作流的更多细节可以在文献[2]中找到。有学者[3]开发了一个产生综合工作流的工作流生成器，使用该生成器，可以以 DAX (有向无环图的 XML 格式) 格式得到想要的任意大小的科学工作流。

真实数据中心中很难进行可重复的实验，因此本节使用模拟云环境，使用实际的 Amazon 云计算实例类型参数，如表 9.2 所示。参考 Amazon EC2 的参数。实例之间的平均带宽设置为 20Mbit/s。设置的时间间隔为 1 小时。在本章实验中，使用属性 ECU 代表实例的计算能力。

表 9.2　实例类型参数

实例类型	实例计算能力	成本	实例类型	实例计算能力	成本
$type_1$	1.0	0.12	$type_6$	3.5	0.595
$type_2$	1.5	0.195	$type_7$	4.0	0.72
$type_3$	2.0	0.28	$type_8$	4.5	0.855
$type_4$	2.5	0.375	$type_9$	5.0	1.0
$type_5$	3.0	0.48			

实验环境的配置为：Core（TM）i5 3.40GHz、16GRAM、Windows 10、Java 2 Standard Edition V1.8.0。

9.4.2　实验结果及分析

IMPSO 的实验结果将与 PSO[4]和 IC-PCP[5]进行比较，这两种都是应用广泛的方法。所有方法在每种情况下运行 250 次，并获得 25 次平均结果。根据文献[4]中的分析，学习因子和 PSO 中的速度更新的惯性因子设置为：$\omega=0.5$，$c_1=2$，$c_2=2$。种群大小和迭代次数设置为 100。结合免疫机制的研究和实验，与免疫有关的参数机制如下：记忆单元容量为种群的一半，随机生成的新粒子数量设置为种群的 1/10。所需的克隆的大小被控制在大约两倍的种群数量。

此外，为了评价该系统的性能，在云计算这种异构环境中进行调度时，实验设计了两种情况，其中两种情况都使用了一个实例并使用 HEFT 算法来确定调度解决方案。第一个是所有任务都选择最便宜的实例类型并在同一实例上运行。这个计划的成本是最便宜的，但是完工时间是最长的。另一个是为所有任务都选择最快实例类型并分别在实例上运行，通常这种情况是最贵但是最快的。分别把它们称为 the slowest Scheduling 和 the fastest Scheduling 。这两种调度方法用于确定截止期的上限和下限。实验选择的工作流规模为 50。

为了评估 IMPSO 对于一定范围内截止期的满足程度，用变化的截止期 D 来验证，定义 λ 来控制截止期的松散程度，如公式(9-20)所示，其中 D_{fast} 是 the fastest Scheduling 得到的完工时间，D_{slow} 是 the slowest Scheduling 得到的完工时间。

$$D = D_{\text{fast}} + \lambda(D_{\text{slow}} - D_{\text{fast}}) \tag{9-20}$$

令 λ 从 0.001 变化到 0.05，每次增加 0.001，如图 9.2 所示。可以看到，对于所有工作流，IMPSO 具有优于 PSO 的结果。当 λ 小于 0.002 时，IMPSO 在一轮寻优过程中可能会错过解决方案，而 PSO 在 λ 小于 0.006 就会出现这种问题。ICPCP 在不同工作流中表现不稳定，它在 Cybershake 中表现最差，并且当 λ 从 0.006 增加到 0.034 时，它可能找不到满足条件的解决方案。对于工作流 SIPHT，所有方法在每个阶段都获得解决方案。

对于完工时间这一调度目标来说，不同工作流的运行结果是如图 9.3 所示。对于每个工作流，实验比较了三种方法获得的完工时间。由于 IC-PCP 算法每次运行结果基本一致，因此取 25 次运行的平均值与 IMPSO 和 PSO 进行比较。可以看出，IMPSO 的大多数结果都优于 IC-PCP 和 PSO。相同方法的运行时间的差异是由启发式算法每次寻求的解决方案组合不同造成的。完工时间比较大时，其成本相应较低。即寻找到了一个低成本高完工时间的解决方案。

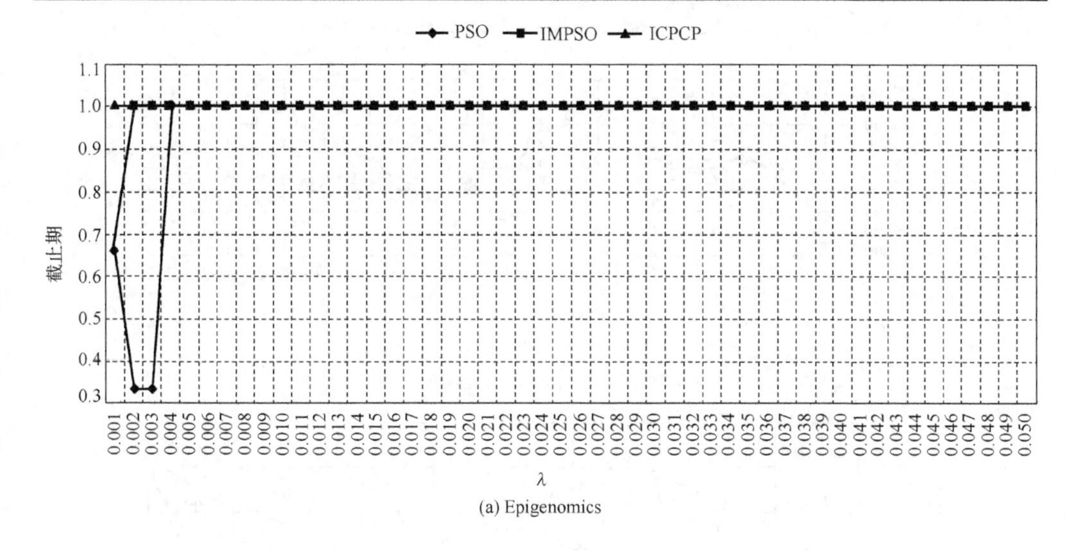

(a) Epigenomics

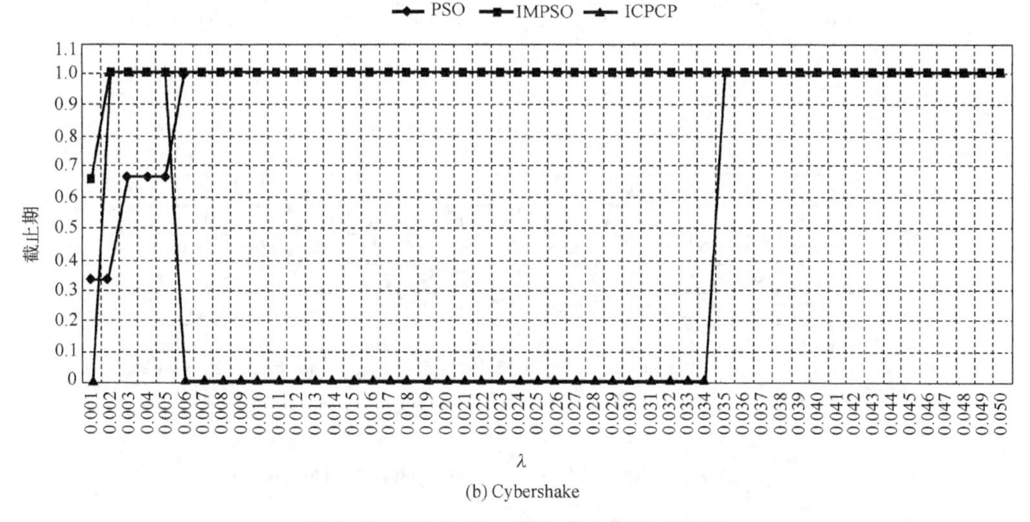

(b) Cybershake

图 9.2　改变 λ 使工作流截止期发生变化

在成本方面，IMPSO 的成本优势不是很大。在大多数运行时间中，IMPSO 的成本不小于 PSO 和 ICPCP，这是因为 IMPSO 在计算亲和力时将成本和完工时间作为同等重要的参数。因此，大部分结果是增加少量费用，以进一步缩短完工时间。用增加约 10%的成本来换取完工时间减少 22%的结果是可以令人接受的。

在收敛速度方面，IMPSO 明显优于 PSO，图 9.4 是分别运行了 50 次的 PSO 和 IMPSO 的收敛速度结果。可以看出，无论调度哪个工作流，IMPSO 都具有更快的收敛速度。在动态调度或线上调度时，IMPSO 有明显的优势。

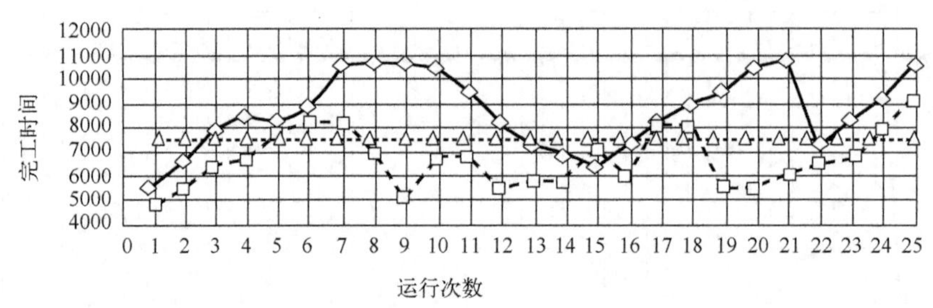

(a) Epigenomics

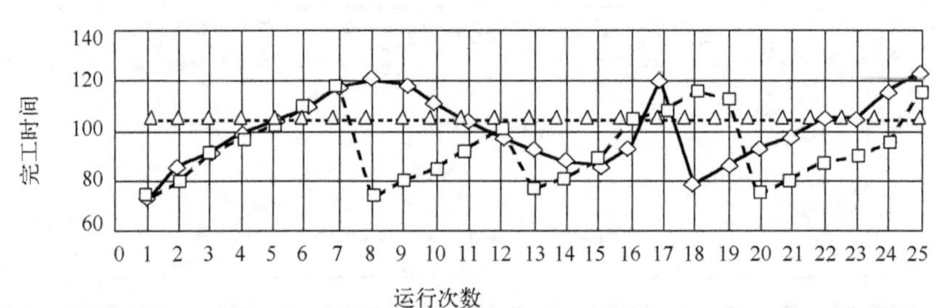

(b) Cybershake

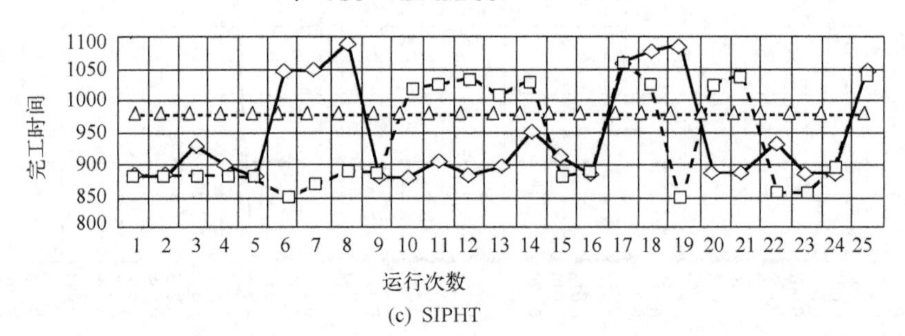

(c) SIPHT

图 9.3　不同方法下三种工作流的完工时间

PSO　IMPSO

收敛速度

120
100
80
60
40
20
0

1

(a) Epigenomics

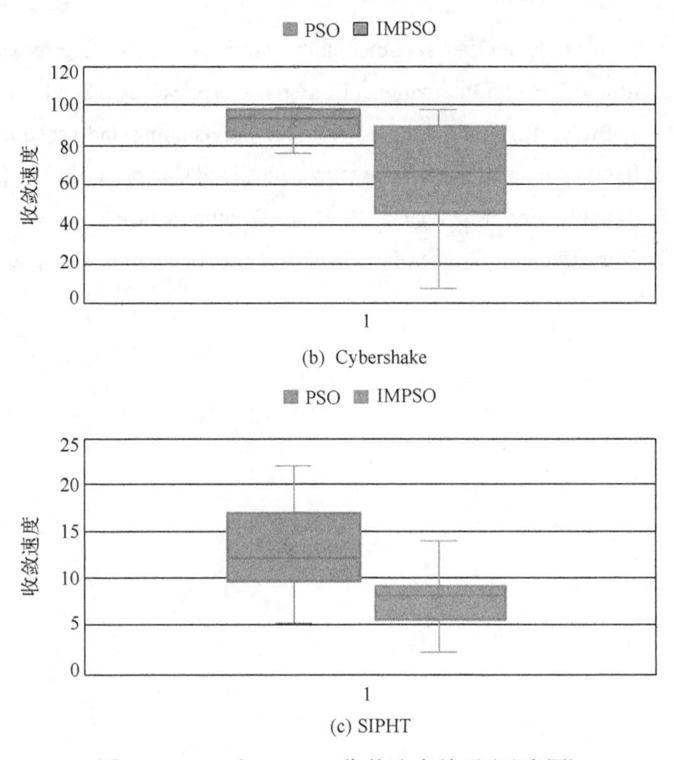

(b) Cybershake

(c) SIPHT

图 9.4　PSO 和 IMPSO 收敛速度结果(见彩图)

9.5　本 章 小 结

云计算作为受欢迎的异构分布式环境，进行工作流调度时不仅要考虑完工时间，还要考虑购买成本。本章提出的云计算环境下基于免疫的粒子群优化调度算法(IMPSO)，目的是最大限度地减少用户定义的最后期限下的执行成本和完工时间约束。实验表明，IMPSO 与其他调度方法相比，可以获得一个更好的解决方案，并且能以更快的收敛周期得到最佳的求解方法，这在调度时具有很大的优势。

参 考 文 献

[1] Kennedy J, Eberhart R. Particle swarm optimization//Proceedings of International Conference on Neural Networks, Perth,1995.

[2] Juve G, Chervenak A, Deelman E, et al. Characterizing and profiling scientific workflows. Future Generation Computer Systems, 2013, 29(3): 682-692.

[3] da Silva R F, Chen W, Juve G, et al. Community resources for enabling research in distributed scientific workflows//The 10th International Conference on e-Science, Sao Paulo, 2014.

[4] Rodriguez M A, Buyya R. Deadline based resource provisioning and scheduling algorithm for scientific workflows on clouds. IEEE Transactions on Cloud Computing, 2014, 2(2): 222-235.

[5] Abrishami S, Naghibzadeh M, Epema D H J. Deadline-constrained workflow scheduling algorithms for infrastructure as a service clouds. Future Generation Computer Systems, 2013, 29(1): 158-169.

第 10 章　基于集聚系数的工作流切片与优化调度

10.1　引　　言

在工作流优化调度相关研究中，对于一些数据传输量较多或者数据通信较为频繁的工作流来说，由任务间的依赖性带来的传输成本和传输时间不容忽视。此外，一般研究都将实例间的带宽视为相等的存在，实际云实例之间的传输能力各不相同，此时通信时间也应该被加入考虑。采用合适的方法预先将工作流切分成若干个子工作流，将通信量比较大或者比较频繁的任务划分到同一个子工作流中，再为每个子工作流寻找到合适的云实例并将其部署在上面。这将减少云资源之间的通信程度，可以很好地提高工作流的执行效率并降低传输的成本。

工作流转换为 DAG 图后，工作流切片的问题可以转换为一个图划分问题。如图 10.1 所示，工作流切片的目的是将 DAG 图划分成若干个子集，子集之间的关联性尽可能小，子集内部的关联性尽可能强。目前有一些关于工作流划分的相关研究。Ahmad 等[1]提出了一个任务图分割方法来研究数据密集型工作流的调度问题，提出的方法减少了工作流调度时的数据转移，使得中间节点的通信减少。但是该方法没有考虑后续的资源分配问题，不能完全适用于云计算环境。Malawskia 等[2]选择将关键路径上的任务聚集到同一个资源上，并且根据任务的计算和传输负载来确定关键路径。该方案在一定程度上使通信开销减少，但其延长了任务的调度时间。陈超等[3]则使用了布谷鸟搜索算法来划分工作流，但是只考虑了子工作流之间有联系的端点，没有考虑子工作流内部的聚合情况。

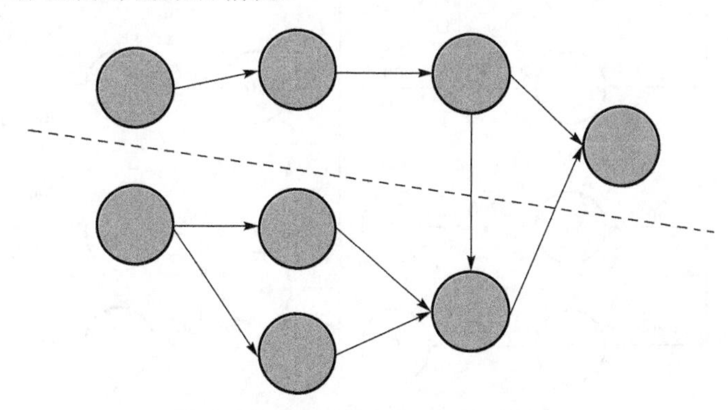

图 10.1　工作流转换的 DAG 图划分示例

本章针对由任务间数据通信带来的工作流完工时间和成本上升的问题，提出了一种基于集聚系数的工作流切片与优化调度的解决方案框架(Solution for Clustering Coefficient-based Workflow Fragmentation and Scheduling, CWFS)。该框架首先采用聚类的方式将工作流初步切分成若干个子工作流，然后利用集聚系数来优化调整切片结果。最后在优化调度的过程中，根据云实例的实际情况，在寻优过程利用集聚系数，动态地调整子工作流切片并完成调度。

10.2　示例场景与问题提出

工作流因其任务之间存在数据传输而具有依赖性。在工作流调度过程中，将工作流中的任务和云计算资源匹配，不仅要注意任务本身的执行需求，也要注意任务之间的数据传输带来的执行消耗。对于一些工作流，尤其是数据传输密集型的工作流，频繁的数据传输或者大量的数据传输量都会影响到调度时的总完工时间和执行成本。此外，如果有频繁数据传输关系的任务或者大数据量的任务部署在不同的云资源上，在数据传输过程中，更容易出现错误，导致发生故障重传的概率更大，容易影响后面的任务执行。

图 10.2 展示了一个有 15 个任务的工作流，任务之间有数据传输的关系。由于工作流的依赖性，任务要想开始，必须等到它的父任务将数据传输完成。以任务 7 为例，任务 7 的父任务是任务 3 和任务 4，分别要传输 2000 个单位和 10 个单位的数据。而任务 3 和任务 4 有共同的父任务——任务 1，任务 1 要分别传输 1000 单位和 30 单位的数据给任务 3 和任务 4。那么对于任务 7 来说，要想开始执行，必须等到任务 1 执行完毕后传输数据给任务 3 和任务 4，再等到任务 3 和任务 4 执行完毕后传输数据给任务 7。在这个过程中，任务 1 和任务 3、任务 3 和任务 7 之间的数据

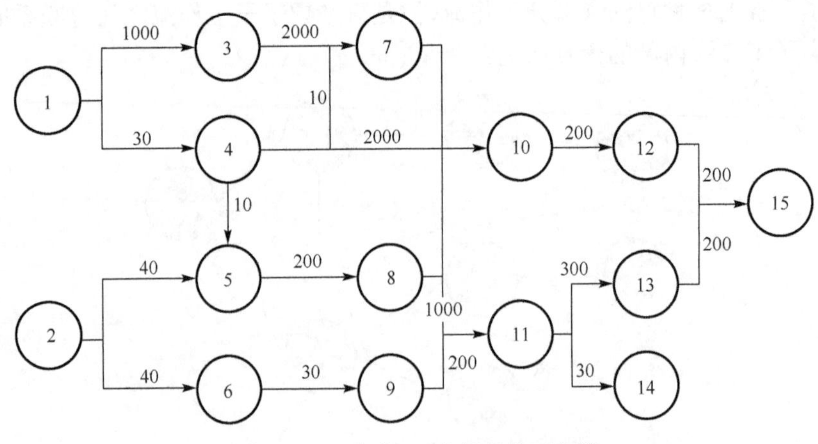

图 10.2　一个有 15 个任务的工作流

量远远大于任务 1 和任务 4、任务 4 和任务 7 之间的数据量。这也就意味着，假设任务所在云实例传输带宽相等，任务 1 执行完毕后，任务 3 等待数据传输的时间要比任务 4 高 333 倍。而任务 7 要想开始，等待任务 3 传输数据的时间大概是等待任务 4 传输时间的 200 倍。可以看出，有大量的时间被浪费在等待其中一个父任务传输数据的时间。如果将任务 1、任务 3、任务 7 放在一个云实例上，那么任务 7 需要的数据传输时间只是任务 1 到任务 4 以及任务 4 到任务 7 的数据传输的时间，而此时，一共只有 40 个单位的数据传输。

因此，在进行工作流的优化调度时，减少工作流任务在不同资源之间的数据传输来保证完工时间满足截止期约束，以及其他的一些优化目标，是一个值得关注的研究方向。从上述场景中可以看出，需要将工作流切分成若干个子工作流，使得子工作流内数据传输尽量频繁，子工作流之间的数据传输尽量少，即子工作流内聚性强，外联性弱。在以前的研究中，研究者们通常为每一个任务分配一个独立的云资源进行调度，这样不仅增加了数据交互的频率，而且对于按照时间收费的云计算来说，频繁的调度不利于充分地利用云资源，以及更好地节约成本。

工作流切片要求带来的效果类似于聚类：类内元素相似程度高，类外元素相似程度低。因此可以将工作流切片问题建模成一个聚类问题。利用任务间的数据量来判断任务间的关系。另外，如果单纯地对工作流进行切片，那么切片结果有可能超过实际的云实例可用的负载。以图 10.2 为例，当任务 1、任务 3、任务 7 被划分为一个子工作流时，可以使内部数据传输量大，外部少。但是考虑到执行任务的计算需求和云实例的承载能力，如果没有一个合适的云实例能够容纳这个子工作流，那么必须要对它再次进行调整。因此在进行优化调度的过程中，依然需要对切片的结果进行动态调整，使得云资源的利用率达到一个合理的范围。

因此，本章提出的基于集聚系数的工作流切片与优化调度的解决方案框架，可以联动工作流切片和优化调度过程，利用集聚系数得到优化调整的工作流切片结果后，在寻优的过程中动态地再调整切片结果。在保证云资源负载的前提下，优化整个工作流的成本和完工时间。

10.3　用于工作流切片的集聚系数概述

集聚系数[4]诞生于图论。按照图论，集聚系数表示一个图中节点的聚集程度，是图中点倾向于聚集在一起的程度的一个度量。不同于判断类性能的标准，集聚系数更关注节点间的密度。当节点间关系紧密时，那么它们的集聚系数就会变高。如果一个节点与相连的节点之间有关系，表示这个群体相互之间都有比较紧密的关系，那么也会有一个比较高的集聚系数。集聚系数可以分为局部集聚系数和平均集聚系数两种，前者给出了单个节点的度量，可以判断图中每个节点附近的集聚程度，后者旨在度量整个图的平均集聚性。

工作流因为任务间有数据传输的关系，将数据量大的任务划分成一个子工作流，这样子工作流之间的数据传输就会减少。因此本章采用聚类的方法进行工作流的切片研究。当采用聚类算法时，聚类要求类内元素相似程度高，类外元素相似程度低。很多聚类算法都基于一些给定的值来进行聚类，这要求使用者必须拥有该领域的一定先验知识。动态的聚类算法可以根据实际情况来分析模型结构给出 k 值。但是缺少一个较好的标准来判断类内元素的整体相似度。如何判断子工作流内部和外部的聚集程度，本章引入“集聚系数”这一概念。近期研究中，集聚系数广泛用于社交网络分析、可视化网络安全分析、小世界网络分析等领域。Murray 等[5]引入集聚系数来描述小世界模型。Zhong 等[6]使用集聚系数的概念来解决词关系的聚类。

给定一个工作流的 DAG 图 $G=(T,E)$，其中 T 是 n 个任务的集合 $t=\{t_1,t_2,\cdots,t_n\}$，E 是任务之间依赖关系的集合，$E=\{e_{i,j}\mid i,j=1,2,\cdots,n\}$。依赖关系 $e_{i,j}$ 表示了任务 t_i 和任务 t_j 的依赖约束，它意味着任务 t_j 必须等到任务 t_i 执行完毕才能开始执行。如果两个任务之间有数据传输的行为，那么认为 DAG 图中这两个任务之间有一条边。每个任务与其他任务连接的边的集合用 N 来表示。N_i 表示与任务 t_i 连接的边的集合。$|N_i|$ 表示集合的度，即边的数量。任务 t_i 的局部集聚系数 LC_i 是它的相邻任务之间的边的数量与它们所有可能存在边的数量的比值。

对于无向图来说，n 个顶点之间最大的边数是 $\dfrac{n(n-1)}{2}$。那么它的局部集聚系数公式为

$$\mathrm{LC}_i=\frac{2|\mathrm{Neighbor}_i|}{|N_i|(|N_i|-1)} \tag{10-1}$$

其中，$\mathrm{Neighbor}_i$ 表示与任务 t_i 相连的任务，它们之间存在的边的集合，即 $\mathrm{Neighbor}_i=\{e_{j,k}\mid e_{i,j},e_{i,k}\in N_i,e_{j,k}\in E\}$。图 10.3 (a) 是一个无向无权图，以任务 t_A 为例，与它有边的关系的任务是 t_B、t_D、t_E，因此 N=\{ $e_{A,B},e_{A,D},e_{A,E}$ \}，其度为 3。而在三个相连的任务中，只有任务 t_D、t_E 之间有边的关系，因此 $\mathrm{Neighbor}_i$ =\{ $e_{D,E}$ \}。那么任务 t_A 的局部集聚系数 $\mathrm{LC}_A=\dfrac{2}{3\times(3-1)}=\dfrac{1}{3}$。

工作流转换成的 DAG 图是一个有向图，任务间数据的传输可以视为边的权重。权重对于集聚系数的计算影响很大。不同的权重定义表示的集聚系数紧密程度也不同。如果权重代表距离，那么权重越小顶点间的关系越紧密；如果权重表示关系值，那么权重越大顶点间的关系越紧密。本章研究的问题需要将数据量大的任务聚集在一起，因此任务间数据量越大，表示它们越应该聚集在一起，它们的关系应该越紧密。

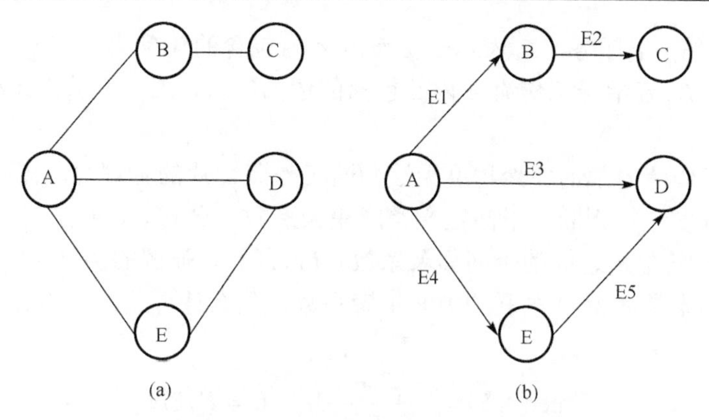

图 10.3　(a)为无向无权图，(b)为有向无环有权图

因此，工作流任务的局部集聚系数可以定义为

$$\mathrm{LC}_i = \frac{|\mathrm{Neighbor}_i|}{|N_i|(|N_i|-1)} \times \frac{\mathrm{Weight}_i}{|N_i|} \tag{10-2}$$

工作流是一个有向图，因此其完全图的边的数量为 $n\times(n-1)$。$\mathrm{Neighbor}_i$ 和 N_i 的定义同公式(10-1)中相同，但是这两个定义都是针对有向图，$e_{A,B} \neq e_{B,A}$。Weight_i 表示集合 N_i 中的权重和，$\mathrm{Weight}_i = \sum_{e_{i,j}\in N_i} |e_{i,j}| + \sum_{e_{j,i}\in N_i} |e_{j,i}|$。以图 10.3(b)中的任务 t_A 为例，与它有边的关系的任务是 t_B、t_D、t_E，因此 N={ $e_{A,B}, e_{A,D}, e_{A,E}$ }，其度为 3。而在三个相连的任务中，只有任务 t_D、t_E 之间有边的关系，因此 $\mathrm{Neighbor}_i$ ={ $e_{E,D}$ }，那么根据公式(10-2)，任务 t_A 的局部集聚系数为 $\mathrm{LC}_i = \frac{1}{6}\times\frac{E1+E3+E4}{3}$。

从公式(10-1)和公式(10-2)中可以看出，无向图的任务局部集聚系数总是在 0～1。0 表示附近任务之间没有抱团的关系，而 1 表示附近任务之间联系紧密，接近完全图。有权图中，当任务与其相邻任务接近完全图，并且任务间的权重趋近于 $+\infty$ 时，任务的局部集聚系数值趋近于 $+\infty$。得到任务的局部集聚系数还不足以判断整个图的聚集情况。Watts 等[7]定义了平均集聚系数，通过计算平均值来得到整个图的集聚程度，即 $\mathrm{AvgC} = \frac{1}{n}\sum_{i=1}^{n}\mathrm{LC}_i$。

本章研究工作流切片问题，将工作流切成若干个子工作流后，根据子工作流内部任务之间的数据聚集程度和子工作流之间的数据聚集程度判断切片的质量。假设工作流切分后，有子工作流 $A, G_A = \{T_A, E_A\}$ 和 $B, G_B = \{T_B, E_B\}$。子工作流 A 的集聚程度为

$$\mathrm{intro}_A = \frac{\sum_{t_i\in T_A, e_{i,j}\in E_A} \mathrm{LC}_i}{|T_A|} \tag{10-3}$$

其中，t_i 表示第 i 个任务，T_A 表示子工作流 A 内包含的任务集合，$e_{i,j}$ 表示任务 t_i 和 t_j 之间的边，E_A 表示子工作流 A 内部包括的边的集合，LC_i 表示任务 t_i 的局部集聚系数。

只靠子工作流内部的集聚程度无法判断工作流切片的合理性，需要对子工作流之间的集聚程度进行判断。下面定义类间集聚系数，公式(10-4)是对子工作流 A 而言，其与子工作流 B 之间的类间集聚系数。inter(A,B)强调的是 A 受 B 关联的类间集聚系数。如果是 B 受 A 关联的类间集聚系数，那么计算公式变为 inter(B,A)。

$$\mathrm{inter}(A,B)=\frac{\sum\limits_{t_i\in T_A,e_{i,j}\in U}\mathrm{LC}_i}{|T_A|},\quad U=E_A\cup E_B \tag{10-4}$$

图 10.4 是一个被切分成四个子工作流的工作流。红色虚线不规则图形表示被切分的子工作流。黄色箭头表示子工作流之间的数据传输。黑色箭头表示子工作流内部的数据传输。对于子工作流 A 来说，如果 $\mathrm{inter}(A,B)$ 大于 intro_A，说明子工作流 A 和子工作流 B 的类间集聚程度要大于子工作流 A 的类内集聚程度，将那些与子工作流 A 有边的关系但是属于子工作流 B 的任务划分给子工作流 A 可以提高 A 的集聚程度。同理，如果 $\mathrm{inter}(B,A)$ 大于 intro_B，则说明把子工作流 A 中那些与子工作流 B 有边的关系的任务划分给子工作流 B 更好。当 $\mathrm{inter}(A,B)\geqslant\mathrm{intro}_A$ 和 $\mathrm{inter}(B,A)\geqslant\mathrm{intro}_B$ 同时成立，说明子工作流 A 和子工作流 B 各自的类内集聚程度都没有它们受另一个子工作流关联的类间集聚程度强，因此将它们合并成一个新子工作流，可以获得更高的集聚程度。同理，如果子工作流 A 可以被分成 A_1 和 A_2 两个子工作流，且有 $\mathrm{inter}(A_1,A_2)<\mathrm{intro}_{A_1}$ 和 $\mathrm{inter}(A_2,A_1)<\mathrm{intro}_{A_2}$ 同时成立，那么说明与子工作流 A 相比，切分成的两个新子工作流有更高的集聚程度。

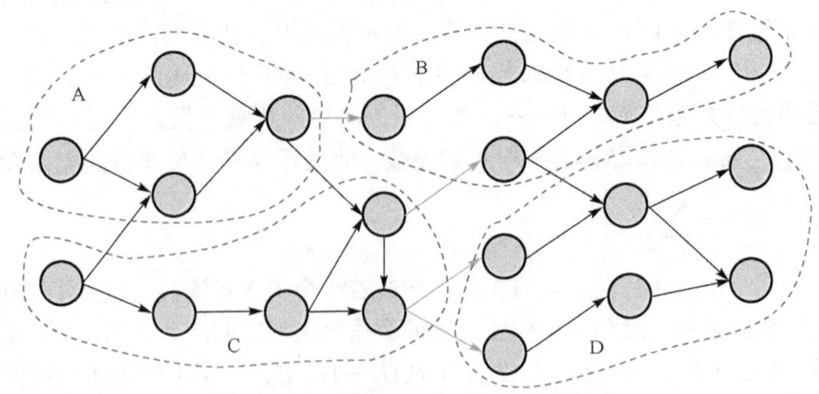

图 10.4　一个被切分的工作流(见彩图)

通过不断地优化调整工作流切片结果，可以保证子工作流内的数据依赖较强，子工作流间的数据依赖程度较弱。

10.4　基于集聚系数的工作流切片与优化调度框架

CWFS 的目的是通过将工作流切分成若干个子工作流，再使用合适的算法为它们寻找到合适的云实例，在减少数据传输依赖的情况下，找到一个满足优化目标的解决方案。CWFS 包括两个部分：基于集聚系数的工作流切片和基于切片的优化调度，其框架图如图 10.5 所示。

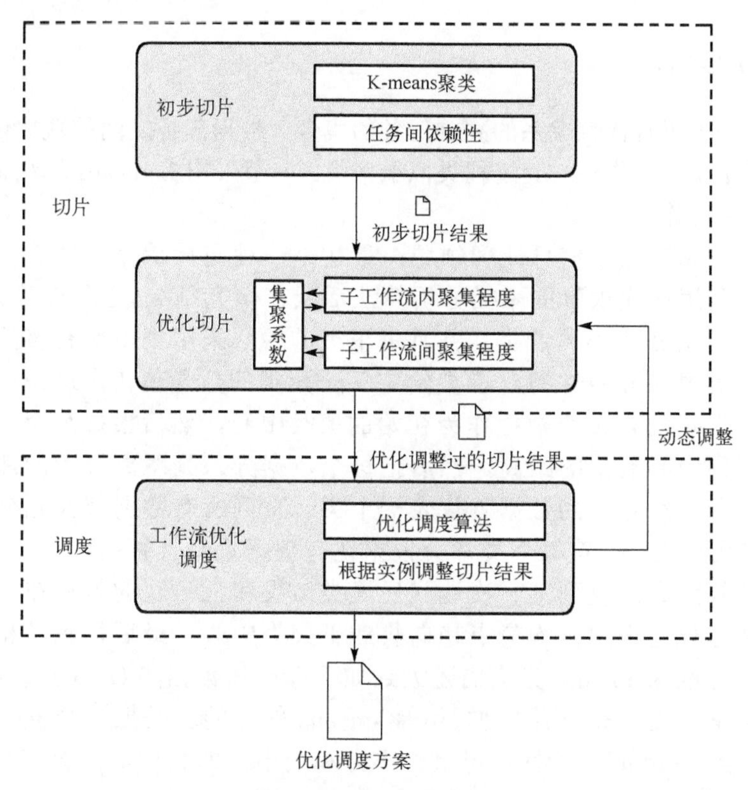

图 10.5　CWFS 框架图

基于集聚系数的工作流切片分为两步，首先使用聚类算法，根据任务间的数据通信量对工作流进行一个初步的切片，将通信量较大的任务聚成一个类；得到一个初步的切片结果后，根据 10.3 节中描述的关于集聚系数的相关定义，以及对切片内部和切片之间紧密度的判断公式来对工作流切片结果进行优化调整，使调整后的子工作流内聚性强，外联性弱，从而得到一个基于集聚系数的工作流切片结果。

基于切片的优化调度的寻优过程中，由于在工作流切片的过程中，只考虑了任务间的通信情况，没有考虑实际的云实例的承载能力，使用启发式算法进行寻优时，根据云实例的实际情况，可能会出现子工作流超过云实例的承载能力或者只占云实例承载能力的一小部分，造成无法找到合适的实例或者浪费的现象。因此在工作流优化调度时，根据实际情况，调用切片方法动态地调整切片结果，使其可以找到合适的调度方案。CWFS 框架的输出是一个工作流-云计算资源的调度方案。

10.5 基于集聚系数的工作流切片

10.5.1 初步切片

工作流是一组有依赖关系的独立任务的集合。根据任务之间的数据依赖将工作流切分成若干个子工作流，其过程类似于聚类。本节采用 K-means 算法来进行工作流的初步切片工作。

K-means 算法源于信息处理领域，最初是一种向量量化的方法，后来更多地作为一种利用迭代求解的聚类分析算法活跃在研究领域。之所以称作 K 均值，是因为它能发现 K 个不同的类，并且每个类的中心采用类中所有值的均值计算得到。每个类中 K-means 算法需要给定一个聚类的数量值 K，这是由使用者指定的。算法先随机取 K 个数据作为初始的聚类中心，然后根据某个距离函数计算每个数据同中心数据的距离，然后把每个数据分入到距离最近的那个类中。聚类中心和分配给它们的数据就代表一个类。直到所有数据都被划分到某个类中，一次迭代结束。接着每个类都会根据现有数据重新计算得到一个聚类中心，然后重复计算距离。直到某一次迭代后聚类结果和上一次的差距在一个允许的范围内。在迭代过程中，均值点趋向收敛于聚类中心。最后得到了相互分离的球状聚类。标准 K-means 算法描述大致如下：已知数据集 $\{\boldsymbol{x}_1,\boldsymbol{x}_2,\boldsymbol{x}_3,\cdots,\boldsymbol{x}_n\}$，其中每个数据 $\boldsymbol{x}_\mathrm{i}$ 都是一个 d 维实向量。K-means 的目的就是把这个 n 个数据划分成 K 个集合（$k \leqslant n$），并且使得组内平方和最小。即找到满足公式(10-5)的聚类 S_i

$$\arg\min_{\mathrm{S}} \sum_{i=1}^{k} \sum_{x \in S_i} \| \boldsymbol{x} - \boldsymbol{\mu}_i \|^2 \tag{10-5}$$

其中，$\boldsymbol{\mu}_i$ 是 S_i 中所有数据的均值。

K-means 算法用于工作流切片工作中的流程，如图 10.6 所示。主要包括以下几个步骤：

①导入工作流，并且将它转换成拥有一个虚拟入口任务（t_{entry}）和虚拟结束任务（t_{exit}）的 DAG 图。

②根据实验工作流的大小，指定合适的 K 值，从工作流的任务集合中，随机选择 K 个任务作为初始的聚类中心(不包括两个虚拟任务)。

③遍历工作流的每一个任务，计算它们和聚类中心之间的数据传输量。如果一个任务到每一个聚类中心都没有直接的数据传输，那么通过计算它的父任务们的数据传输情况来判断它们应该属于哪一类，并且将它们分别加入数据量最大的聚类中心所在的类中。

④当所有任务都加入某个类中后，每个类重新计算聚类中心。计算类中每个任务到其他任务的数据量，将最大的那个任务定义为新的聚类中心，一轮迭代结束。

⑤判断新的 K 个聚类中心和上一轮迭代相比是否有变化，有则跳转到③；否则迭代结束，进行⑥。

⑥得到工作流初步切片结果，输出 K 个子工作流集合。

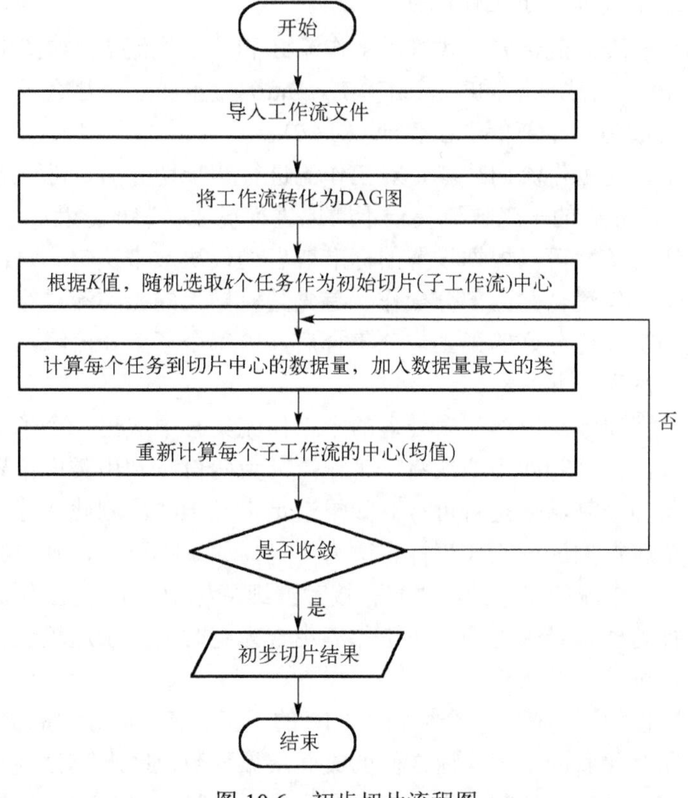

图 10.6　初步切片流程图

通过以上步骤进行工作流的初步切片工作，可以获得如图 10.4 所示的切片结果。由于随机选择的初始聚类中心不同，所以可能初步切片工作有不止一种结果，图中展示的只是其中一种。

10.5.2　基于集聚系数的工作流切片

图 10.4 展示的是一种工作流切片后的结果。进行初步切分时，K 值的选择是基于使用者自己的经验和判断，无法证明划分成 K 个子工作流是合适的。可能某些工作流中有些任务需要被划分出去，而有些子工作流需要合并成一个新的工作流。凭自身经验很难直接判断这一点。如果对初步切片结果进行调整，分类结果可能会产生新的变化，需要进一步判断切片效果。为此，优化的工作流切片要求在初步切片后采用合理的方法对初步切片结果进行合适的调整，因此要使用 10.3 节提到的用于工作流切片的集聚系数。

定义 10.1　子工作流分割。现有子工作流 A，如图 10.4 所示。如果 $\text{intro}_A < \text{inter}(A_1, A_2)$ 成立，同时 $\text{intro}_A < \text{inter}(A_2, A_1)$ 也成立。那么子工作流 A 可以被分割成新的子工作流 A_1 和子工作流 A_2。

定义 10.2　子工作流合并。现有子工作流 A 和子工作流 B，如图 10.4 所示。如果 $\text{inter}(A, B) \leqslant \text{intro}_{A+B}$ 成立，同时 $\text{inter}(B, A) \leqslant \text{intro}_{A+B}$ 也成立，那么子工作流 A 和子工作流 B 可以合成为一个新的子工作流（$A+B$）。

基于集聚系数的工作流切片就是对工作流进行初步切分后，利用定义 10.1 和定义 10.2 对初步切分后的子工作流集合不断地进行优化调整的过程，流程如图 10.7 所示。迭代的终止条件可以根据设置的标准或者迭代次数来决定。每次迭代分为子工作流分割和子工作流合并两部分操作。首先是对导入的工作流进行一个初始切片的工作。当得到初步切分好的子工作流集合后，给每个子工作流添加“0”的标记。每次迭代分为分割和合并两部分。

分割操作过程如下：依次从未处理的子工作流集合中取出一个子工作流，对其进行预分割操作，预分割即为依次将子工作流分为两份，利用类内集聚系数和类间集聚系数来判断预分割结果是否可行；如果满足定义 10.1，则此次分割操作可以进行，并且将两个新得到的子工作流标记改为“1”；如果不可行，则放弃此次分割操作，并且将该子工作流的状态改为“1”；接着继续从标记“0”的工作流中拿出下一个子工作流进行处理。当未处理的子工作流集合为空时，表示这轮迭代的分割操作已经全部结束，进入合并操作。

合并操作过程如下：取出一个标记为“1”的子工作流，计算它的类内集聚系数，计算该工作流和有关联的子工作流之间的类间集聚系数，此处“有关联的子工作流”指的是两个工作流之间有边的关系；判断它们是否满足定义 10.2，如果满足则对两个子工作流进行合并，并且将合并后的新子工作流的状态变为“2”；依次取集合中的子工作流，直到集合为空；此时，此时迭代中的合并操作也已经完成。如果此轮迭代满足迭代停止条件，那么将输出一个经过动态切片完成的子工作流集合，如果不满足，则跳转到分割操作继续进行切片工作。

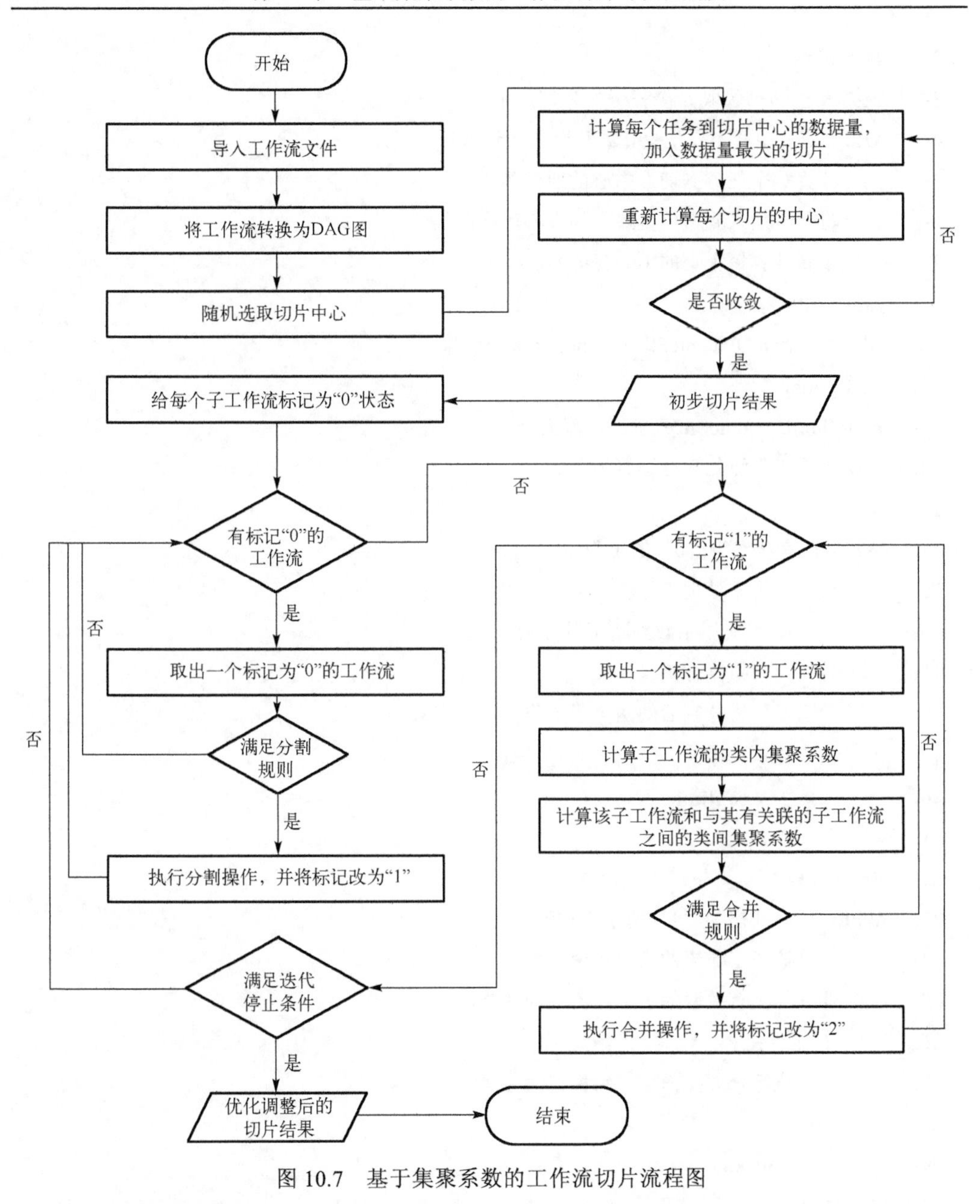

图 10.7　基于集聚系数的工作流切片流程图

算法：基于集聚系数的工作流切片

输入：一个工作流转换成的 DAG 图　WORKFLOW

输出：优化调整的切片结果

1:　　**Function** 初始化(WORKFLOW)

```
2:  输入K值
3:  根据K值随机选取K个任务作为切片中心
4:  While 切片中心不发生变化或达到最大迭代次数
5:      计算每个任务到切片中心的通信量
6:      将任务加入到通信量最大的中心所在的类
7:      重新计算每个类的中心任务
8:  End while
9:  调用 function DynamicSlice(k-means 聚类结果)
10: End Initial
11: Function DynamicSlice(子工作流集合)
12: 给每个子工作流处理标记设为“0”
13: do
14: While 还有状态为“0”的工作流
15:     取出一个未处理工作流
16:         If 用集聚系数判断可以分割
17:             执行分割操作
18:             将分割后的两个子工作流的标记设为“1”
19:         else
20:             continue
21:         End if
22: End while
23: While 还有状态为“1”的子工作流
24:     计算该子工作流的类内集聚系数
25:     计算与其有关联的子工作流之间的类间集聚系数
26:     If 能合并
27:         执行合并操作，并将标记改为“2”
28:     else
29:         continue
30:     End if
31: End while
32: While 满足迭代停止条件
33: End DynamicSlice
```

10.6　基于切片的工作流调度

为了降低工作流调度过程的数据通信量，减少完工时间，本节对优化调度过程进行详细介绍，并且给出两种应用 CWFS 框架的组合方案，分别是基于切片和遗传算法的工作流优化调度，以及基于切片和 IMPSO 算法的工作流优化调度。

同第 9 章定义一样，工作流模型用 DAG 图表示，其中，$G=(T,E)$，$T=\{t_1,t_2,\cdots,t_n\}$ 表示工作流任务集合，每个任务的参数为 $t_i=(\text{id},\text{namespace},\text{name},\text{size})$，namespace 为任务所属的工作流名称，name 为任务名称，size 是任务需要的计算量。边的集合 $E=\{e_{i,j}\mid i,j=1,2,\cdots,n\}$，其中，$e_{i,j}=(\text{orig},\text{dest},\text{data})$，分别表示父任务、子任务和它们之间传输的数据量。本章依然选择云实例类型，不对更底层的结构进行考虑。云实例 $\text{instance}_\text{i}=(\text{id},\text{speed},\text{cost},\text{bandwidth},\text{bdprice},\text{type})$，其中，speed 表示云实例计算能力，cost 是一个时间单位内的成本，bandwidth 为带宽，bdprice 为单位传输量的传输价格，type 为实例类型。用户将工作流提交到调度器进行处理时，对于切片后的子工作流，调度器将它们调度在同一资源节点上，此时子工作流内部的传输成本和时间均为 0。因此子工作流 sub_i 的总成本和总完工时间分别为

$$\text{COST}(\text{sub}_i)=\sum_{j=1}^{n}(\text{EC}(t_j,I),\quad t_j\in\text{sub}_i \tag{10-6}$$

$$\text{MAKESPAN}(\text{sub}_i)=\max_{t_j\in\text{sub}_i,\text{CHILD}(t_j)=\varnothing}\text{FT}(t_j) \tag{10-7}$$

由于不需要计算传输成本，所以子工作流 sub_i 的总成本即为各个任务的执行成本的总和。$\text{EC}(t_j,I)$ 和第 9 章定义一样，是任务在实例上执行的成本；子工作流的完工时间由其内部最后执行的任务的结束时间决定，值得注意的是，子工作流和工作流不同，为了方便计算，通常会在工作流开始和结束的位置分别加一个虚拟的任务，因此工作流的开始和结束任务只有一个。而切片的子工作流可能会有多个可以同时开始的任务和多个结束任务。因此，子工作流的完工时间应是结束时间最晚的那个任务。而公式(10-7)中的 $\text{CHILD}(t_j)=\varnothing$ 指的是在该子工作流内部没有子任务，并不一定在整个工作流中没有子任务。任务的结束时间由公式(10-8)和公式(10-9)决定，同样在公式(10-8)中，$\text{PRED}(t_j)=\varnothing$ 指的是任务在子工作流内没有父任务。

$$\text{ST}(t_i)=\begin{cases}\max\limits_{t_j\in\text{pred}(t_i)}\{\text{ST}(t_j)+\text{ET}(t_j,I)+\text{TT}(e_{j,i})\}, & \text{PRED}(t_i)=\varnothing\\ \max\limits_{t_j\in\text{pred}(t_i)}\{\text{ST}(t_j)+\text{ET}(t_j,I)\}, & \text{PRED}(t_i)\neq\varnothing\end{cases} \tag{10-8}$$

$$\text{FT}(t_i)=\text{ST}(t_i)+\text{ET}(t_j,I) \tag{10-9}$$

由此，对于整个工作流 W 来说，总的成本和时间可以计算为

$$\mathrm{COST}(W)=\sum_{i=1}^{m}(\mathrm{COST}(\mathrm{sub}_i))+\sum_{j=1}^{k}\mathrm{TC}_\mathrm{j} \tag{10-10}$$

$$\mathrm{MAKESPAN}(W)=\max_{\mathrm{sub}_j\subseteq W}\mathrm{MAKESPAN}(\mathrm{sub}_i) \tag{10-11}$$

因此，工作流调度的优化目标如下

$$\min \mathrm{COST}(W),\mathrm{MAKESPAN}(W) \tag{10-12}$$

$$\text{s.t. } \mathrm{MAKESPAN}(W)\leqslant D$$

10.6.1　基于切片和遗传算法的工作流调度算法

优化调度过程采用遗传算法(GA)来进行寻优。遗传算法建模于生物自然选择和遗传学原理，是一种随机搜索算法。它可以在多项式时间内从大范围的搜索空间中找到具有较高质量的解决方案，对已搜索解空间的最优解与未搜索解空间中的新个体相结合进行迭代搜索，从而寻优目标。问题的可行解用染色体表示，在本章要解决的问题中，染色体存储的是子工作流-云实例类型 mapping 关系，适应度函数决定了染色体的优秀程度。

图 10.8 展示了基于切片和遗传算法的工作流调度流程。通过基于集聚系数的工

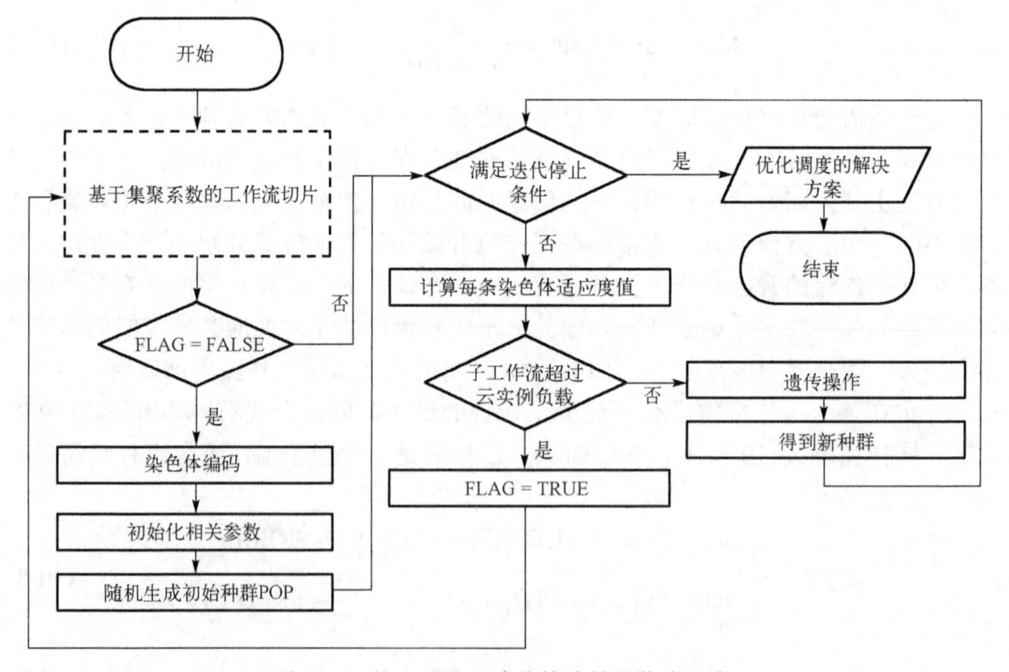

图 10.8　基于切片和遗传算法的工作流调度

作流切片算法得到优化调整过的工作流切片后，将其作为输入提供给调度算法。在遗传算法进行迭代的过程中，对子工作流进行判断，如果子工作流超过了可获得的云实例的负载，那么置 FLAG 标志为 TRUE，重新调用切片算法，将该子工作流进行分割，然后重新进入寻优过程，直到所有子工作流都能找到云实例并且达到迭代次数。寻优停止，输出一个该工作流的调度方案。

基于切片和遗传算法的工作流调度的伪代码如下。

算法：基于切片和遗传算法的工作流调度

```
输入：优化调整的切片结果
输出：一个优化调度的解决方案
1：    初始化遗传算法参数，随机产生第一代种群 POP
2：    do
3：        计算每个染色体的适应度
4：        初始化动态调整切片标准 break=false
5：        While 每个染色体上的基因
6：          If 子工作流超出云实例负载
7：              调用 function DynamicSlice(slices)
8：              break=true
9：          End if
10：         If break=true
11：             更新子工作流结果，重新生成初始种群
12：         End if
13：       End while
14：       If break=true
15：         迭代次数加一
16：         continue
17：       else
18：       初始化空种群 NPOP
19：       do
20：           用轮盘赌法从当前种群中随机选择两条染色体
21：           If random (0,1) < P_c
22：               执行交叉操作
23：           End if
24：           If random (0,1) < P_m
25：               执行变异操作
```

```
26:            End if
27:            将新生成的 2 个染色体加入到 NPOP 中
28:        While 生成 2P 个新个体
29:        按照适应度大小，选择前 P 个染色体替代当前种群 POP
30:        End if
31:    While 结果收敛或者达到最大迭代次数
```

算法中 P_c 和 P_m 分别为遗传算法中交叉和变异的概率阈值；P 为种群个数。伪代码中调用的 function DynamicSlice 函数是优化调整函数，表示当工作流切片超出了可获得的云实例的负载时，对子工作流动态切分的过程。当计算适应度函数时，如果其中一个基因(子工作流-实例对)由于子工作流太大而无法找到合适的实例，以及子工作流只占云实例的负载的很小一部分，那么算法将会对子工作流重新合并或者切分，直到它们找到合适的云实例。

10.6.2　基于切片和 IMPSO 的工作流调度算法

本章前面提出了基于集聚系数的工作流切片方法，来减少由任务通信而造成的完工时间和成本的上涨。CWFS 进一步将基于集聚系数的工作流切片方法和第 9 章提出的 IMPSO 结合起来，进一步优化切片和寻优过程。

IMPSO 引入了免疫机制，在粒子寻找全局最优解的过程中，不断地进行免疫操作来加强粒子的寻解能力。将工作流切片结果作为 IMPSO 的输入时，由于切片过程没有考虑到真实的云实例承载能力，可能存在切片超过云实例容量的情况。因此，在使用 IMPSO 进行优化调度的过程中，依然需要动态地对切片结果进行调整。在寻优过程中，粒子寻找到的解是一个切片-实例关系对，如果切片过大找不到合适的云实例类型，那么粒子的某一维和当前最优粒子之间的距离是无穷大的，计算得到的亲和度就会为 0。这意味着，该粒子中存在需要分割的工作流切片，即需要调用工作流切片模块来调整。

图 10.9 展示了基于切片的 IMPSO 工作流优化调度方法的流程图。待执行的工作流进行基于集聚系数的工作流切片后，调用 IMPSO 进行调度。进行粒子的初始化后，计算抗体和抗原间的亲和度。如果切片的大小超过了实际的云实例负载，现有的云实例类型无法为切片找到合适的选择，那么将调用基于集聚系数的切片方法重新动态地调整切片结果。直到所有切片都能找到合适的实例，重新计算各抗体的亲和度，并且加入免疫操作，包括抗体克隆、抗体变异等。经过若干轮的迭代，直到找到合适的抗体，算法结束。输出一个优化调度的解决方案。

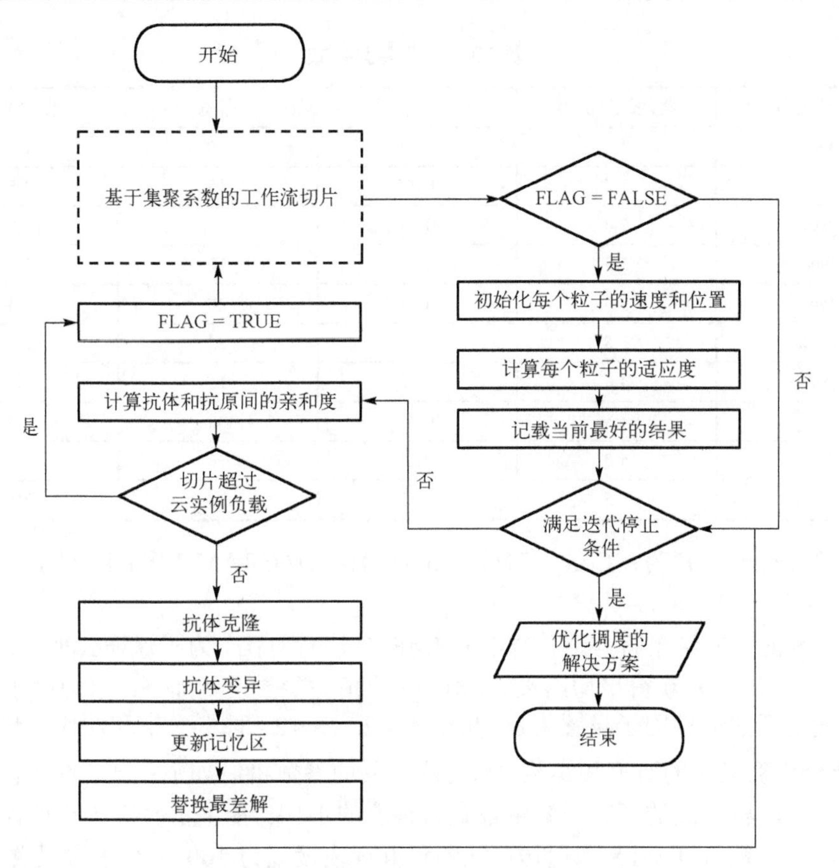

图 10.9　基于切片的 IMPSO 工作流优化调度

10.7　实验及其分析

10.7.1　实验设置

为了验证 CWFS 框架的有效性，本节设置了两组实验：一组是使用模拟工作流来进行工作流切片与优化调度，另一组是使用真实的工作流(Cybershake、Epigenomics 和 Montage)来进行性能评估。模拟工作流的相关参数为：任务数量范围在 20～100，真实的工作流结构，选用任务数量为 100 的工作流进行实验。

真实数据中心中很难进行可重复的实验，因此本节使用模拟云环境，使用实际的 Amazon 云计算实例类型参数，如表 10.1 所示。参考 Amazon EC2 的参数。设置的时间间隔为一小时。每个云实例的容量设置为 100000 单位，负载达到 80%即视为负载已满。在实验中，使用属性 ECU 代表实例的计算能力。

表 10.1　云实例参数

实例类型	实例计算能力	成本	带宽	传输价格
$type_1$	1.0	0.12	10	1.0
$type_2$	1.5	0.195	15	1.8
$type_3$	2.0	0.28	30	3.5
$type_4$	2.5	0.375	10	1.2
$type_5$	3.0	0.48	20	2.3
$type_6$	3.5	0.595	25	2.5
$type_7$	4.0	0.72	15	1.8
$type_8$	4.5	0.855	30	3.5
$type_9$	5.0	1.0	30	3.5
$type_{10}$	5.5	1.25	20	2.3

实验环境的配置为：Core（TM）i5 3.40GHz、16GRAM、Windows 10、Java 2 Standard Edition V1.8.0。

CWFS 的实验结果将与遗传算法和 IMPSO 进行对比。为了保证公平性，每种方法都运行 20 次，并获得平均结果。IMPSO 的相关参数设置如下：学习因子和 PSO 中的速度更新的惯性因子设置为 $\omega = 0.5$，$c_1 = 2$，$c_2 = 2$，种群大小和迭代次数设置为 100。结合免疫机制的研究和实验，与免疫有关的参数机制如下：记忆单元容量为种群的一半，随机生成的新粒子数量设置为种群的 1/10。所需的克隆大小被控制在大约两倍的种群数量。CWFS 和遗传算法的种群规模设置为 100，迭代次数设置为 100，交叉概率 P_c 和变异概率 P_m 分别为 0.5 和 0.5，动态切片的 K 值设置成工作流任务数的 1/10。

10.7.2　实验结果及分析

本章 CWFS 框架在优化调度阶段使用了两种方法：GA 和 IMPSO，分别结合基于集聚系数的切片方法进行优化调度。在实验验证阶段，将切片和 GA 结合的解决方案称为 CWFS-GA，将切片与 IMPSO 结合的解决方案称为 CWFS-IM。实验将比较和分析 CWFS-GA、CWFS-IM、GA、IMPSO 四种方法的性能，从而验证提出的框架的有效性。

实验首先使用同一结构的模拟工作流评估 CWFS 的质量。为了表现不同任务数量对工作流运行时间和成本的影响，实验设置模拟工作流的任务数量从 20 变化到 100，每次增加 10 个任务。四种方法下不同任务数量的工作流的运行时间和成本分别如图 10.10 和图 10.11 所示。从图 10.10 可以看出，相较于 GA，IMPSO 能带来一定运行时间上的优化；当引入了基于集聚系数的切片方法后，CWFS-GA 和 CWFS-IM

都可以使完工时间进一步减少，但是使用 IMPSO 的 CWFS 框架有着更好的效果。图 10.11 中的四组关于成本数据，比较 GA 和 CWFS-GA、IMPSO 和 CWFS-IM 两组数据，可以看出，基于集聚系数的切片方法能够有效降低工作流调度的成本，节省的这部分成本是任务间由数据通信而带来的通信成本。另外，实验过程中，在收敛速度上，IMPSO 相比于 GA 有很大的提升。

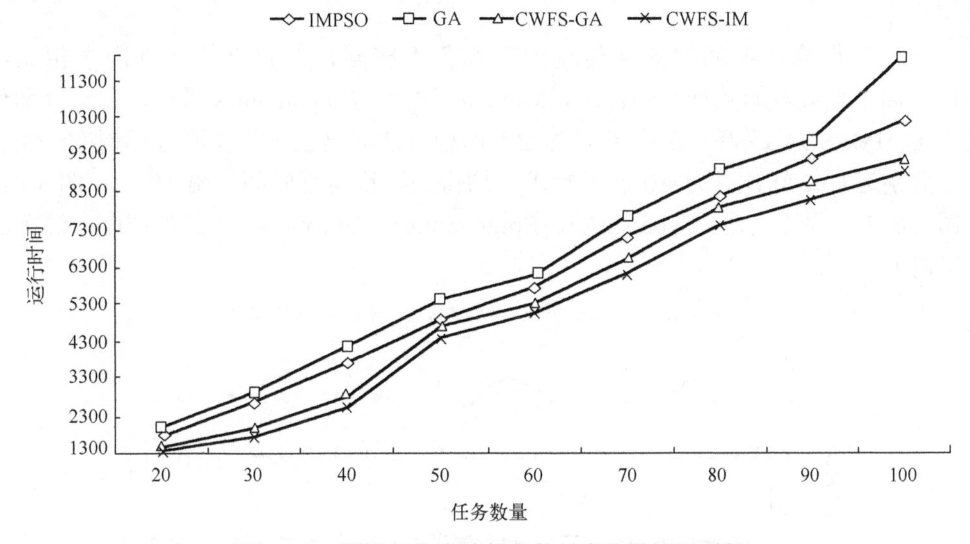

图 10.10　模拟工作流随任务数量变化的运行时间

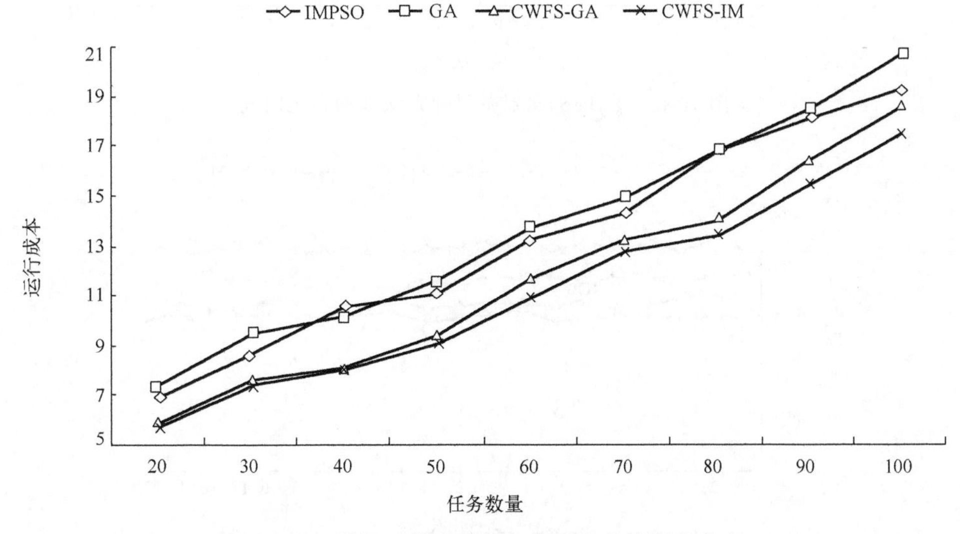

图 10.11　模拟工作流随任务数量变化的运行成本

为了进一步验证 CWFS 的有效性，使用真实的工作流模型来进行工作流调度。

选择了三种工作流，分别为Cybershake、Epigenomics和Montage。其中，Cybershake是数据密集型工作流，执行时有大量的数据传输工作，该工作流是南加州地震中心用于表征地震灾害的工具；Epigenomics 是计算密集型工作流，用于自动执行各种基因组测序操作，相对于计算来说，数据传输不是特别多；Montage 用于根据输入的图像来创建天空的工作流，其特点是需要大量的 I/O，任务间有频繁的通信需求。

三种工作流任务间的数据传输情况都各不相同，与自身的计算需求相比，Cybershake 有最多的数据传输需求，Montage 次之，Epigenomics 最少。实验分别使用 GA、IMPSO、CWFS-GA、CWFS-IM 四种方法对这三种工作流进行调度，四种方法分别运行 200 次，每 10 次进行求平均得到一次运行时间。图 10.12、图 10.13 和图 10.14 分别展示了 Cybershake、Epigenomics 和 Montage 在四种调度方法下的完工时间。

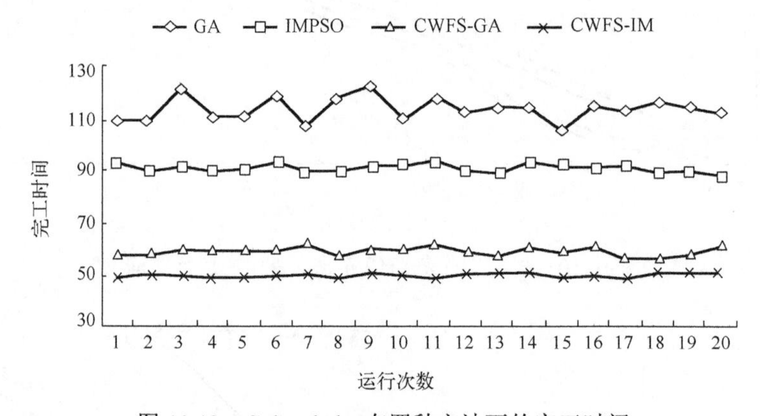

图 10.12　Cybershake 在四种方法下的完工时间

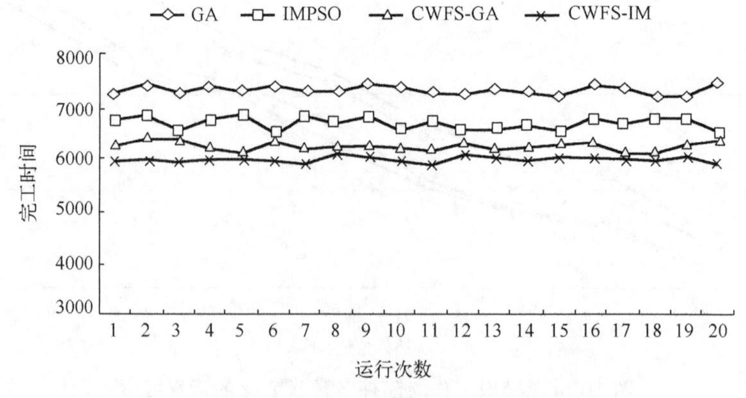

图 10.13　Epigenomics 在四种方法下的完工时间

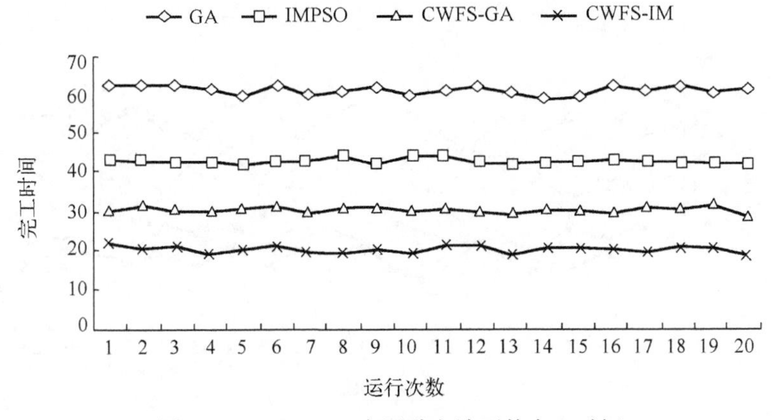

图 10.14　Montage 在四种方法下的完工时间

可以看出，在四种方法中，CWFS-IM 和 CWFS-GA 的效果比 IMPSO 和 GA 好，这说明基于集聚系数的切片方法可以有效地减少完工时刻。另外，可以看出，对于资源需求不同的工作流，CWFS 带来的提升也不尽相同。对于 Cybershake 来说，CWFS 的效果最好，这是由于 Cybershake 执行过程中，有大量的数据传输请求，这会带来大量的数据传输时间。进行合理的工作流切片后，可以将这部分传输时间节省掉。而对于 Epigenomics 来说，这项提升没有 Cybershake 那么明显，因为比起数据传输来说，Epigenomics 工作流更侧重需求计算资源，所以将工作流切片后无法带来明显的提升。Montage 的提升程度介于两者之间，在工作流切片后可以一定程度上减少数据通信的频率。

图 10.15、图 10.16 和图 10.17 分别展示了 Cybershake、Epigenomics 和 Montage 在 GA、IMPSO、CWFS-GA 和 CWFS-IM 四种调度方法下的执行成本。

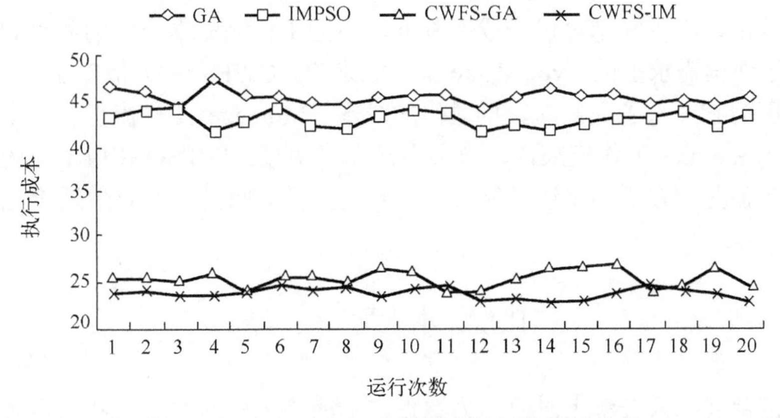

图 10.15　Cybershake 在四种方法下的执行成本

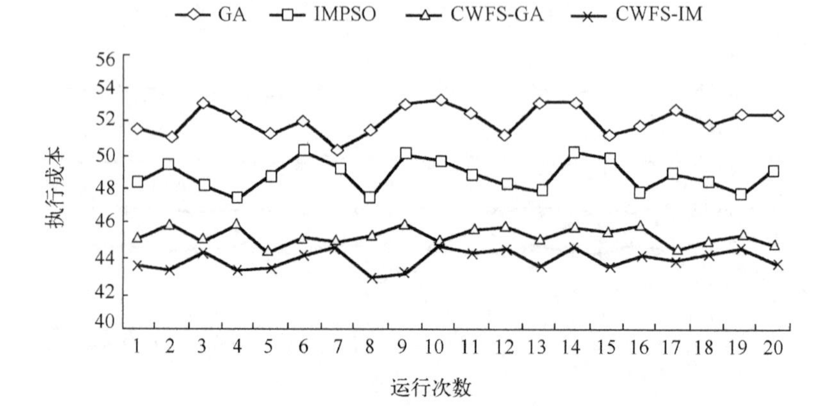

图 10.16　Epigenomics 在四种方法下的执行成本

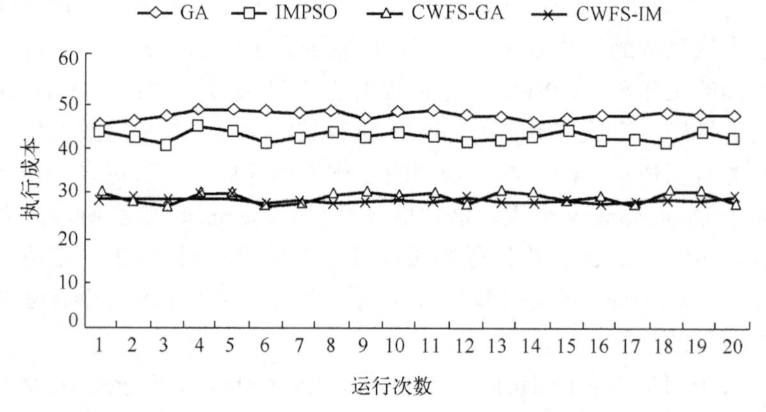

图 10.17　Montage 在四种方法下的执行成本

可以看出，CWFS 都可以令成本降低。不同工作流成本降低的效果和完工时间类似。对于通信需求多的 Cybershake 工作流来说，CWFS 可以带来明显的成本下降的效果，因为它节省了大量的数据通信的成本。Montage 工作流也有一定的影响，而对于 Epigenomics 工作流来说，效果不是那么明显。IMPSO 在成本上的优势不是特别明显，但是相较于 GA 还是能带来一定的提升。另外，在收敛速度上，IMPSO 明显好于 GA。

10.8　本 章 小 结

工作流部署在云资源上时，因为数据传输而带来的通信时间和成本会对工作流整体调度造成影响。通常云计算环境下的工作流调度研究，将任务和资源一一对应，一定程度上造成了资源浪费，并且使得数据通信频繁，造成完工时间增长，以及发生传输失败的风险增加。本章提出了一个基于集聚系数的工作流切片与优化调度的解决方案框架。引入集聚系数来判断工作流切片的合理性；优化调度阶段，提出两种组合方法，并根据可用云实例的实际承载能力，动态地调整切片结果。实验表明，和对比方法相比，CWFS 框架能够很好地减少完工时间和成本。

参考文献

[1] Ahmad S G, Liew C S, Rafique M M, et al. Data-Intensive workflow optimization based on application task graph partitioning in heterogeneous computing systems//IEEE Fourth International Conference on Big Data and Cloud Computing, Sydney, 2014.

[2] Malawskia M, Juveb G, Deelmanb E, et al. Algorithms for cost- and deadline-constrained provisioning for scientific workflow ensembles in IaaS clouds//Proceedings of the International Conference on High Performance Computing, Networking, Storage and Analysis, Salt Lake City, 2012.

[3] 陈超. 改进 CS 算法结合决策树的云工作流调度. 电子科技大学学报, 2016, 46(6): 974-980.

[4] Vázquez A. Growing network with local rules: preferential attachment, clustering hierarchy, and degree correlations. Physical Review E, 2003, 67(5): 056104.

[5] Murray J, Wettin P, Pande P P, et al. Sustainable Wireless Network-on-Chip Architectures. Morgan Kaufmann, 2016.

[6] Zhong M J, Ding Z J, Sun H C, et al. A self-learning clustering algorithm based on clustering coefficient//The 15th International Conference on Web Information Systems Engineering, Thessaloniki, 2014.

[7] Watts D J, Strogatz S H. Collective dynamics of 'small-world' networks. Nature, 1998, 393(6684): 440.

彩　　图

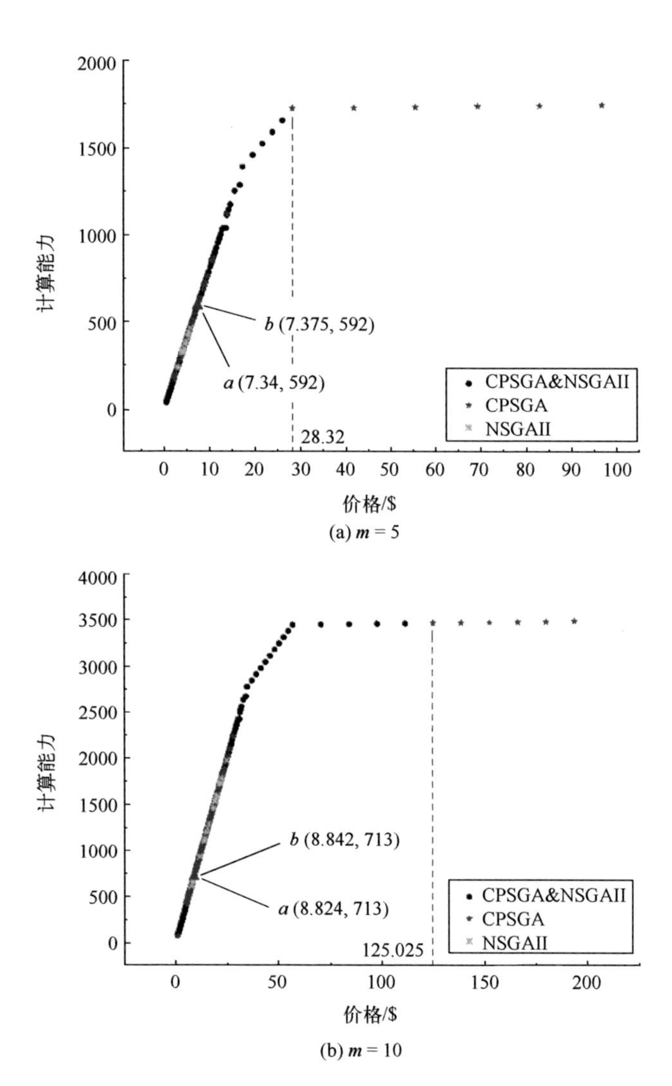

2000
1500
1000
500
0
计算能力
b (7.375, 592)
a (7.34, 592)
28.32
CPSGA&NSGAII
CPSGA
NSGAII
0 10 20 30 40 50 60 70 80 90 100
价格/$
(a) m = 5
4000
3500
3000
2500
2000
1500
1000
500
0
计算能力
b (8.842, 713)
a (8.824, 713)
125.025
CPSGA&NSGAII
CPSGA
NSGAII
0 50 100 150 200
价格/$
(b) m = 10

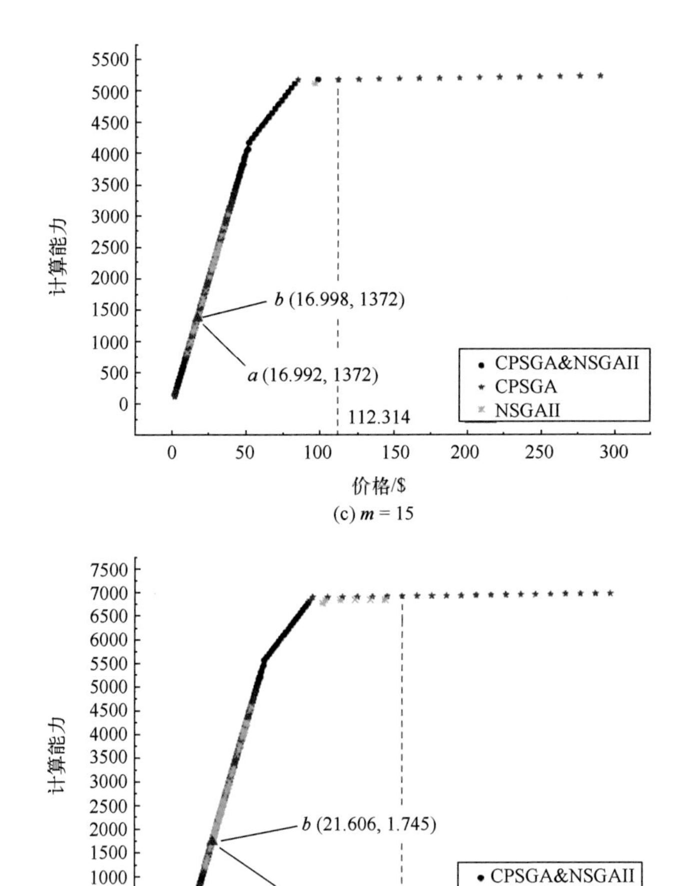

(c) $m = 15$

(d) $m = 20$

图 2.3 不同 m 下 CPSGA 和 NSGA-Ⅱ的结果对比

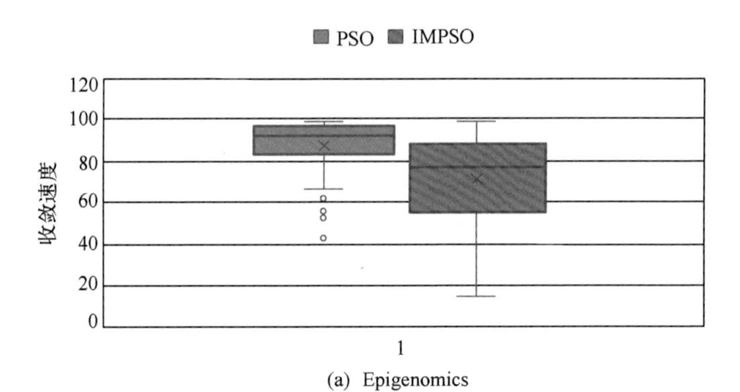

(a) Epigenomics

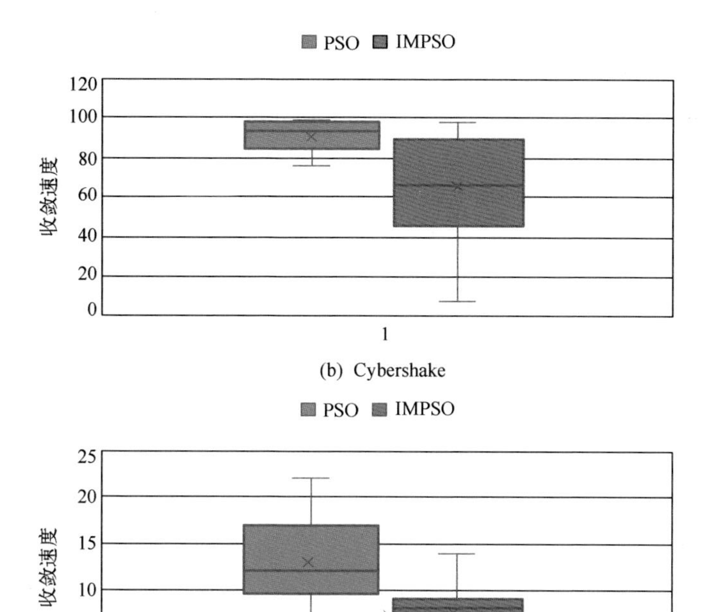

(b) Cybershake

(c) SIPHT

图 9.4　PSO 和 IMPSO 收敛速度结果

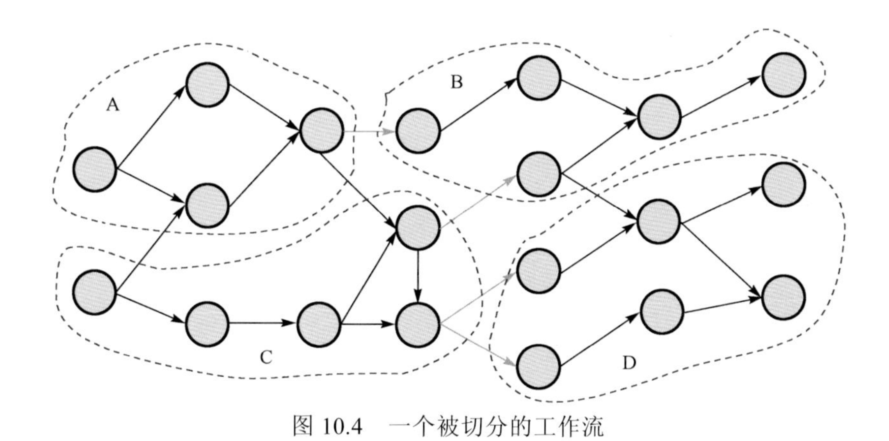

图 10.4　一个被切分的工作流